东数西算工程丛书

算力网络技术
详解与最佳实践

雷　波　唐　静　解云鹏　张　越
郑　强　吕　航　马思聪　冀思伟　编著
黄潇瑶　周舸帆　邢文娟　郭方平
孙吉斌　孙一豪

电子工业出版社·
Publishing House of Electronics Industry
北京·BEIJING

内 容 简 介

算力被视为数字经济时代的核心生产力，它改变了人类的生产方式、生活模式和科研范式，成为科技进步和经济社会发展的基础。算力就是生产力，算力网络作为云网融合架构下的关键技术体系之一，将算力和网络深度融合，助力"人工智能+"产业实现跨越式发展。

本书共 9 章，首先介绍了算力网络的发展背景、定义、技术发展路径和应用场景，其次对算力网络标准架构中资源层、控制层、服务层和编排管理层具体的技术与实现方案进行了详解，接着对算力网络在"东数西算"工程和国家重大科技基础设施未来网络试验设施上实现的具体案例进行了阐述，最后对算力网络的未来发展趋势进行了展望。

本书不仅适合信息领域的相关从业人员阅读和参考，也适合高校师生和对算力网络感兴趣的社会各界人士阅读和参考。

图书在版编目（CIP）数据

算力网络技术详解与最佳实践 / 雷波等编著.

北京 ：电子工业出版社，2025. 1. --（东数西算工程丛书）. -- ISBN 978-7-121-49345-4

Ⅰ. TP393

中国国家版本馆 CIP 数据核字第 2024WQ7772 号

责任编辑：李树林　　文字编辑：赵　娜

印　　刷：北京天宇星印刷厂

装　　订：北京天宇星印刷厂

出版发行：电子工业出版社

　　　　　北京市海淀区万寿路 173 信箱　　邮编：100036

开　　本：720×1 000　1/16　印张：17.25　字数：289 千字

版　　次：2025 年 1 月第 1 版

印　　次：2025 年 1 月第 1 次印刷

定　　价：88.00 元

凡所购买电子工业出版社图书有缺损问题，请向购买书店调换。若书店售缺，请与本社发行部联系，联系及邮购电话：(010) 88254888，88258888。

质量投诉请发邮件至 zlts@phei.com.cn，盗版侵权举报请发邮件至 dbqq@phei.com.cn。

本书咨询联系方式：(010) 88254463，lisl@phei.com.cn。

随着我国数字经济的高速发展，以大数据、人工智能、物联网、工业互联网等为代表的新型产业技术推动着社会不断进步。回顾数字经济近十年的发展历程，党中央高度重视发展数字经济，将其上升为国家战略。《中华人民共和国国民经济和社会发展第十三个五年规划纲要》中的第六篇"拓展网络经济空间"指出："牢牢把握信息技术变革趋势，实施网络强国战略，加快建设数字中国，推动信息技术与经济社会发展深度融合，加快推动信息经济发展壮大。"由此可见，从顶层的设计规划到底层的具体实施，我国为促进数字产业的蓬勃发展提供了重大政策支持体系。

2023 年 10 月，习近平总书记在中国共产党第二十次全国代表大会上指出："加快发展数字经济，促进数字经济和实体经济深度融合，打造具有国际竞争力的数字产业集群。优化基础设施布局、结构、功能和系统集成，构建现代化基础设施体系。"算力基础设施是新型信息基础设施的重要组成部分，具有多元泛在、智能敏捷、安全可靠、绿色低碳等特征，对于助推产业转型升级、赋能科技创新进步、满足人民美好生活需要和实现社会高效能治理具有重要意义。

近年来，我国经济的持续攀升得益于国家对算力基础设施建设的一系列政策支持和推动。2021 年 5 月，国家发展和改革委员会（以下简称"国家发展改革委"）等首次提出"东数西算"，并联合中央网络安全和信息化委员会办公室（以下简称"中央网信办"）、工业和信息化部、国家能源局研究制定了《全国一体化大数据中心协同创新体系算力枢纽实施方案》，提出构建数据中心、云计算、大数据一体化的新型算力网络体系，启动"京津冀枢纽、长三角枢纽、粤港澳大湾区枢纽、成渝枢纽、内蒙古枢纽、贵州枢纽、甘肃枢纽、宁夏枢纽"国家枢纽节点建设，提升跨区域算力调度水平，加快实施"东数西算"工程，构建国家算力网络体系。2023 年 12 月，国家发展改革委等部门联合发布《关于深入实施"东数西算"工程加快构建全国一体化算力网的实施意见》（发改数据〔2023〕1779 号），要求立体化实施"东数西算"工程，深化算网融合，强化网络支撑，推进算力互联互通，引导数据要素跨区域流通融合。由此可见，要做大做强我国数字经济，促进数字经济与实体经济融合发展，必须筑牢算力基础设施的坚实底座。算力作为数字基础设施的关键生产要素，逐步成为发展数字经济的核心，构建算力网络、促进算力流通将成为推动数字经济发展的新机遇。

在政策和技术发展的双重推动下，近年来我国算力发展水平稳步提升。根据中国信息通信研究院发布的《中国算力发展指数白皮书（2023 年）》可知，我国持续加快部署通用数据中心、智能计算中心，2022 年基础设施算力规模达到了 180 EFLOPS，位居全球第二。从计算设备侧看，我国近 6 年累计出货超过 2091 万台通用服务器、82 万台人工智能服务器，算力总规模达到 302 EFLOPS，全球占比为 33%，增速达 50%，其中智能算力保持稳定高速增长，增速达 72%。我国以计算机为代表的计算产业规模达 2.6 万亿元，约占电子信息制造业的 20%。在信息技术蓬勃发展的今天，算力的战略性地位和支撑性作用正成为普遍共识，算力的发展也成为经济发展的新动能。

当前，算力网络的技术研究正处于百家争鸣状态，尚未形成系统的标准与方法体系。国内大型电信运营商相继发布了《云网融合 2030 技术白皮书》（中国电信）、《算力网络架构与技术体系白皮书》（中国联通）、《算力网络白皮书》（中国移动）等。具备高影响力的国际组织，包括国际电信联盟电信标准分局（International Telecommunication Union-Telecommunication Standardization Sector，ITU-T）、国际互联网工程任务组（Internet Engineering Task Force，IETF）等纷纷将目光投向算力网络领域，来自中国、法国、西班牙等国家的 40 多家产学研单位参与其中，可见世界各个国家都在加大对算力网络技术及应用的探索和研究力度，也积极投入算力网络系列标准的制定工作。但截至 2023 年年底，国际上仅发布了一项关于算力网络的标准，即《算力网络的框架与架构》（*Computing Power Network- Framework and architecture*）（ITU-T Y.2501，简称 Y.2501），其余标准均在研制中。

基于以上背景，本书试图从算力流通的角度，以"东数西算"工程的具体案例和实践经验为基础，帮助读者对算力网络的技术架构体系和应用实践有更清晰和更系统的理解。本书对算力网络的发展背景、发展路径、应用场景、技术体系、实现方法、实践案例分析、未来展望等方面进行了具体而全面的阐述。

本书共 9 章，第 1～3 章主要介绍了算力网络的发展背景、定义、技术发展路径和应用场景，第 4～7 章分别对算力网络标准架构（参考 ITU-T Y.2501 标准）中资源层、控制层、服务层和编排管理层的技术与实现方案进行了详解，第 8 章对算力网络在"东数西算"工程和国家重大科技基础设施未来网络试验设施上实现的具体案例进行了介绍，第 9 章对算力网络的未来发展趋势进行了展望。

本书不仅适合信息领域的相关从业人员阅读和参考，也适合高校师生和对算力网络感兴趣的社会各界人士阅读和参考。

算力网络正处于产学研的热潮之中，各类技术与观点百花齐放，本书中的论述难免有错误和遗漏之处，欢迎广大读者给予指出和纠正，我们将非常感谢。

目 录

Chapter

1

第1章
算力网络概述

随着经济社会加快向数字化、智能化转型升级，产业数字化持续向纵深演进，智慧城市、智慧农业、智慧工业、智能交通等新型应用不断涌现，对传输、计算、存储提出了更加严苛的要求。在此背景下，算力基础设施与网络基础设施的供给模式发生了变化，"网络"和"计算"逐步相互交织、迭代增强。一方面，面向新型业务尤其是智算业务的快速增长与算力供给不足的矛盾，需要多层次异构算力资源有效协同，形成算网一体化供给模式；另一方面，面向"数字中国""东数西算"等国家战略，需要解决数字基础设施互联互通的难题，提高资源利用率，将规模建设优势充分转化为融合应用优势。算力网络是有效应对上述演进趋势的关键技术，以网强算，以算促网，通过网络提高算力的感知、连接、编排、调度能力，算力网络将为用户的计算任务提供灵活、实时、最优的算力资源。

目前，以计算与网络融合为核心的算力网络发展理念已经被中国信息通信业广泛接受，各方均积极推进算力网络的体系构建、技术研究与规模落地，但是业界在算力网络的定义、顶层设计、关键技术等方面的研究仍然处于百家争鸣的阶段，尚未形成完善的技术与标准体系，算力网络的深入研究面临诸多挑战。本章将从阐述算力网络的发展背景与驱动力出发，通过对算力网络的定义与内涵、产业生态、技术趋势、标准化进展等方面的探讨，全面阐述算力网络发展现状。

1.1　算力网络的发展背景与驱动力

算力网络诞生于第五代移动通信技术（5th Generation Mobile Communication Technology，5G）与边缘计算持续演进的过程中，旨在解决多级泛在算力资源统一供给的难题，为用户提供灵活弹性的算网一体化服务。与此同时，通信技术（Communication Technology，CT）与信息技术（Information Technology，IT）逐步走向深度融合，为算力网络的发展提供了有效的理论与技术支撑。算力网络这种将算力与网络协同调度供给的理念被广泛接受，世界各国政府纷纷出台相关政策文件，积极开展基础设施建设、技术研究与标准制定，推动算力网络的体系化建设。大模型时代的来临带来了算力需求的持续增长和计算架构的重构，为算力网络的应用和落地带来了强劲的动力。

1.1.1　数字化浪潮助推信息基础设施落地部署

数字化浪潮正在改变全球经济格局，数字经济潜力正在逐步释放。根据中国信息通信研究院发布的数据，2022 年美国、中国、德国、日本、韩国 5 个世界主要国家的数字经济总量达到 31 万亿美元，数字经济占国内生产总值（Gross Domestic Product，GDP）的 58%，其中中国数字经济规模达到 7.5 万亿美元，位居世界第二[1]。数字经济发展速度之快、辐射范围之广、影响程度之深前所未有，赋予了经济社会发展新领域、新赛道、新动能、新优势。在数字时代，数据就是生产要素，算力就是生产力，面向行业数字化转型的巨大市场，世界主要经济体纷纷通过国家战略抢占数字经济产业链的制高点，融合异构计算、多层次、多颗粒的算网设施成为大国竞争的重要抓手。

我国高度重视算力网络发展，陆续出台了一系列政策文件，充分开展对算力多样性和区域性均衡共享服务的政策引导。国务院印发的《"十四五"数字经济发展规划》提出，要优化升级数字基础设施，加快实施"东数西算"工程，推进云网协同发展，提升数据中心跨网络、跨地域数据交互能力，加强面向特定场景的边缘计算能力，强化算力统筹和智能调度。《中华人民共和国国民经济和社会发展第十四个五年规划和 2035 年远景目标纲要》明确提出，加快构建全国一体化大数据中心体系，强化算力统筹智能调度，建设若干国家枢纽节点和大数据中心集群，建设 E 级和 10E 级超级计算中心。工业和信息化部、国家发展改革委等先后出台了《新型数据中心发展三年行动计划（2021－2023 年）》《全国一体化大数据中心协同创新体系算力枢纽实施方案》等文件，启动了"东数西算"工程。

2023 年 4 月，科学技术部启动超算互联网建设，用互联网思维运营超算，将全国众多超算中心通过算力网络连接起来，构建一体化算力服务平台，通过市场化的运营和服务体系，实现算力资源统筹调度，降低超算应用门槛，推动自主核心软硬件技术深度应用与产业生态发展。目前应用软件商、算力运营商、增值服务商等众多单位已加入超算互联网。此外，超算互联网核心节点于 2023 年 10 月在河南省郑州市启动建设，未来将承担超算互联网运营、服务和资源调度等核心枢纽功能。

2023 年 10 月，工业和信息化部、中央网信办、教育部等六部门联合印发《算力基础设施高质量发展行动计划》，从计算力、运载力、存储力和应用赋能 4 个方面提出到 2025 年的发展量化指标，引导算力基础设施高质量发展。

2023 年 11 月，中央全面深化改革委员会第三次会议审议通过了《关于健全自然垄断环节监管体制机制的实施意见》，明确增加国有资本在网络型基础设施上的投入，提升骨干网络的安全可靠性。算力同交通、能源、水利一样，也属于网络型基础设施，包含"连接"与"节点"两部分。算力的连接是算力互联网，算力的节点是各类数据中心或集群。类比电力，算力互联网相当于电网，各类数据中心相当于各类发电站。

1.1.2　行业应用激发算力需求

随着全球 5G 的商用和第六代移动通信技术（6th Generation Mobile Communication Technology，6G）研究的起步，社会数字化、智能化程度日益提高，终端设备连接数不断增多，全球信息数据呈现爆发式的增长趋势。海量数据科学应用、无人驾驶、智慧医疗、工业互联网、智慧课堂等垂直领域的多元化应用对数据的实时性、安全性和响应时延提出了更高要求，需要泛在强大算力的匹配与支撑。这些应用已经成为算力需求发展的重要驱动因素，推动社会算力需求的持续增长和算力资源的广泛大规模部署。

1. 人工智能技术

随着数字经济的不断推进，人类步入智能社会，人工智能技术的行业渗透率进一步提升，传统以中央处理器（Central Processing Unit，CPU）为中心的云计算基础设施已经无法满足其算力需求，大规模、高性能的智能算力成为发展方向。尤其是以人工智能生成内容（Artificial Intelligence Generated Content，AIGC）为代表的人工智能进入产业爆发拐点，激发了海量算力需求。最初，用于人工智能（Artificial Intelligence，AI）训练的算力增长遵循摩尔定律，大约每 20 个月翻一番。随着深度学习技术的迅速发展，用于 AI 训练的算力大约每 6 个月翻一番。大模型的出现则将训练所需的算力提升到了原来的 10～100 倍，如图 1-1 所示。以目前火爆全球的人工智能聊天工具 ChatGPT 为例，无论是 ChatGPT 的研发（训练）还是基于 ChatGPT 的应用（推理），都需要大量智能计算资源、存储资源和网络资源。据估算，ChatGPT-4 一次大型训练所消耗的算力大约为 249 EFLOPS[①]/天，需要使用约 2.5 万张英伟达公司的 A100 卡[2]。

随着智算需求的爆炸式增长，智算能力供给不足的问题逐渐凸显，需要依托算力网络构建多级智算网络，从而应对算力短缺问题，实现分散性算力向聚集性、集约型算力的发展。面向智算业务短期性与可调度性的特点，算力网络通过全局调度平台，结合网络动态连接服务，实现智算资源的时分复用与空分复用，同时支持低时延、低成本、高带宽的算力互联需求，解决算力资源分布不均与利用率不高的问题。

---

① FLOPS 的英文全称为 Floating-point Operations Per Second，即每秒所执行的浮点运算次数，1 MFLOPS（Mega FLOPS）等于 $1×10^6$ 次/秒的浮点运算，1 GFLOPS（Giga FLOPS）等于 $1×10^9$ 次/秒的浮点运算，1 TFLOPS（Tera FLOPS）等于 $1×10^{12}$ 次/秒的浮点运算，1 PFLOPS（Peta FLOPS）等于 $1×10^{15}$ 次/秒的浮点运算，1 EFLOPS（Exa FLOPS）等于 $1×10^{18}$ 次/秒的浮点运算，1 ZFLOPS（Zetta FLOPS）等于 $1×10^{21}$ 次/秒的浮点运算。

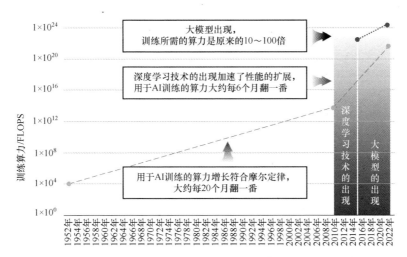

图 1-1　算力需求的演进①

2. 虚拟现实与增强现实

虚拟现实（Virtual Reality，VR）与增强现实（Augmented Reality，AR）作为连接数字世界和真实场景的纽带，已经成为沉浸式数字应用的核心技术之一，正在推动 VR/AR 游戏、智慧课堂、智能家具与智慧医疗等应用的发展。其中所涉及的大量数据采集训练、交互、跟踪定位与渲染等关键技术均需要强大的算力支持。以电影《独行月球》为例，完成电影中的十几秒动画渲染花费了 11 个月，每帧都要用将近 2500 台计算机渲染处理 20～27 h，每秒镜头需要进行 480～648 h 的渲染。预计到 2030 年，VR/AR 领域的算力需求将达到 3900 EFLOPS，较 2018 年提升近 300 倍[3]。以 VR 体验为例，要求能够满足 20 ms 的时延，在三维全景下对视网膜分辨率、位置感应等方面的要求更高，要求网络带宽至少为 180 Mbps，对算力的需求将超过 3900 EFLOPS。未来算力网络可以通过协同调度算力与网络资源，按照业务的计算负载和对网络资源的需求，分级部署到不同资源池（如云中心、边缘云等），从而满足业务的低时延需求，提升用户体验。

3. 工业互联网与智能制造

目前工业互联网领域正在面临新一轮产业升级，"平台+AI""平台+AR"需求

---

① SEVILLA J, HEIM L, HO A, et al. Compute Trends Across Three Eras of Machine Learning[C]. 2022 International Joint Conference on Neural Networks (IJCNN), Padua, Italy, 2022, pp. 1-8. doi: 10.1109/IJCNN55064.2022.9891914.

不断涌现，工业操控对算力的需求膨胀式发展。工业互联网场景中涉及工业视觉、产线质检、智能安防等典型应用，可以将数字孪生技术引入工业领域，助力企业打造虚拟工厂，预防生产中的问题，提高生产效率。这些应用涉及大量的数据采集、实时图片/视频数据提取、数据分析与处理、训练模型优化等流程，并且对时延和安全性有极高的要求。算力网络可以将对时延敏感和对数据安全要求高的业务调度到靠近园区的移动边缘计算（Mobile Edge Computing，MEC）节点，将其他业务部署在成本较低的远端，提供云、网、边、端协同的算力网络解决方案，为客户提供最优算力等基础信息资源的分配、调度和网络连接。

4. 海量科学数据应用

一些高精尖科学研究（如武器研发、基因测序、气候模拟、工业仿真、航空航天等）的计算任务密集，对精确度要求极高。如果在单台计算机上进行处理可能需要花费以年为单位的时间。该类场景对国家安全、经济和社会发展具有举足轻重的意义。为此，各国不断研发超级计算中心，超级计算中心的全球排名成为一个国家科研实力的体现，是一个国家科技发展水平和综合国力的重要标志。以科学研究为主的大算力场景对网络和计算都有新的需求：对大科学数据传输的带宽需求为100 Gbps，未来将达到 Tbps 级以上，同时要求网络满足超高可靠、确定性低时延、端到端的服务质量（Quality of Service，QoS）等需求；个别科学装置提出了每秒百亿亿次浮点计算的需求。

由上述分析可见，在未来，各类先进技术与新兴应用将成为算力需求增长的核心推动力。面对单点算力性能的增长难以满足呈指数级攀升的算力需求的现状，如何解决热点区域算力资源供需失衡的问题是算力发展面临的挑战之一。算力网络将借助网络的强大连通能力，整合泛在算力资源，为各类新兴应用提供强有力的算力支撑。

1.1.3　业务需求驱动多维资源融合供给

在产业数字化加速变革的背景下，全球算力投资建设如火如荼，云厂商、网络运营商、地方政府均进行了算力资源布局。但是，面对数智化应用的大规模、多样化算力需求，仍存在计算资源碎片化、分散化，无法实现资源高效利用与能力灵活供给的问题。

1. 计算资源利用率有待提高

虽然近年来算力需求与算力规模快速增长，但在实际应用过程中依然存在算力资源浪费与算力资源短缺并存的现象，用户无法便捷、高效地选择符合自身需求的算力资源，同时网络中存在大量闲散的算力资源。根据国际数据公司的一项统计，各类算力资源[包括数据中心、物理服务器、个人计算机（Personal Computer，PC）及消费终端]的利用率普遍低于 15%。例如，对于一些面向特定的、临时的应用场景建设的超算中心与边缘计算节点，普通用户并没有渠道申请和利用这些资源，导致算力资源的利用率极低。资源的分布不均衡和供需关系的不对等导致宝贵的算力资源被浪费，从而形成了市面上算力价格昂贵、高质量算力紧张等现状。特别是我国算力资源的分布存在供需错位、建设成本较高等问题。例如，我国上海等东部地区信息产业高度发达，是计算需求最旺盛的地区，然而其较高的电费和土地价格导致算力成本高昂。贵州、内蒙古等中西部算力需求较低，但其较低的电力成本和土地价格更适合建设算力基础设施。因此，亟须寻找新的解决方案和技术体系来实现算力资源共享。打通算力资源之间、算力资源与算力需求者之间的通道，使算力像水、电一样高效流通，成为算力时代发展的新诉求。

2. 算力资源与业务场景日益丰富，算力网络化是必由之路

伴随着算力基础设施的发展与演进，算力资源与业务场景逐步向多样化的方向发展。算力资源的多样性主要表现为资源节点规模与位置的多样性（如大型云计算节点、分散在网络边缘的边缘计算节点等）、资源节点算力种类的多样性（如通用算力、智能算力、超算算力等）、资源归属的多样性（如云服务运营商、网络运营商、中小型企业、超算中心、研究机构等）。算力服务的多样性包括行业场景的多样性（如工业互联网、车联网、自动驾驶、沉浸式扩展现实、智慧医疗等）、业务需求的多样性（如大算力需求、低时延需求、确定性需求、数据安全需求、成本需求等）与业务场景的多样性（如检索查询类、渲染交互类、深度学习类、区块共识类等)。从百亿量级的智能终端到全球十亿量级的家庭网关,再到每个城市中未来 MEC 带来的数千个具备计算能力的基站,以及数百个网络功能虚拟化(Network Functions Virtualization,NFV)带来的运营商云化中心局(Cloud Central Office,Cloud CO)机房,以及每个国家数十个大型云数据中心(Data Center,DC),它们形成了海量的泛在算力并从各处接入互联网,以云、边、端为主的泛在多样化算力载体的单点算力性能日益强大,但其孤岛的形态决定了其功能单一、位置固定、计算能力有限,无法满足业务多样化的需求。因此,需要通过多级资源节点协同满足业务多样性需求,同时需要统一的算力资源与网络资源平台,为用户屏蔽底层各类资源的异构性特征,基于无处不在的网络连接,将多级算力资源进行整合,实现云、边、网高效协同,提高算力资源利用效率,从而实现用户体验的一致性与服务的灵活动态部署。

目前,云计算中心与边缘计算节点之间的计算资源协同调度还不够灵活,导致算力供给与需求无法有效匹配。现有网络系统存在局限性,业务大多属于静态部署,网络配置也多为静态。当业务需求激增时,现有网络系统无法通过最优路径将业务动态地调度到最优的算力节点进行处理,或者灵活利用其他算力资源来弥补本地资源的不足。因此,需要将算力与网络相结合,通过网络实现更大范围、更细粒度、更加灵活的算力统一部署与调度,提高算力资源的利用率,同时满足海量业务对算力的动态需求。

1.1.4　计算与网络融合的发展趋势

当前,跨界、跨领域的能力融合是信息通信技术(Information and Communication Technology,ICT)创新的重要方向。从发展历程来看,计算技术与网络技术的进步总是相辅相成的,两者的互补融合持续推动信息技术的发展,为多方算力资源的灵活供给奠定基础。

一方面,网络技术的发展推动多样性计算的网络化演进。随着 5G、全光网等网络技术的发展与成熟,网络不再是多方算力资源统一供给的瓶颈,各方算力能够以简单高效、低成本的方式连接起来。边缘侧算力需求驱动实时计算、分布式云等技术方案成为行业热点，产业边缘侧、5G 边缘侧和云边缘侧均提出了高水平的网络服务能力要求。与此同时，综合云计算、边缘计算、AI 计算、类脑计算、量子计算等异构计算技术难以在技术架构和服务方式方面实现能力统一，智能化算力连接是融合差异化计算能力的唯一方法。因此，充分发挥网络连接的使能效应，融合云、网、边、端为一体的新一代计算技术得到了业界的高度认同。

另一方面，软硬件解耦、云化与虚拟化是信息通信网络演进的重要方向。在通信网中引入云化技术，在使网络按需灵活定义的同时，满足未来云网业务多样化、各垂直行业应用差异化的服务需求。以 SDN/NFV 技术为例，软件定义网络（Software Defined Network，SDN）基于控制面、转发面分离，利用集中控制器实现底层硬件的可编程化控制，摆脱硬件对网络架构的限制。正是由于算力的不断增强，控制面才有能力以集中的方式管控整个网络，进而通过开放接口打破传统网络的"烟囱式"服务架构，实现网络对用户服务的快速响应。NFV 通过软硬件解耦实现软件功能化与模块化，并以通用服务器代替专用封闭的网元设备，使网元软件功能摆脱了对特定昂贵硬件的依赖，在不影响网络性能的同时极大地降低了建网成本。同时，NFV 通过硬件资源池可以弹性伸缩，适配业务需求，显著提高硬件利用率，提升网络部署的灵活性。算力与网络资源将共生共长，算力网络可以全面提升底层网络对计算服务应用的感知能力，这不仅符合网络服务创新发展的根本需求，还可以带动网络技术朝着全面智能化的方向演进。

1.2　算力网络的定义与内涵

1.2.1　算力网络的定义

算力网络的概念提出后，网络运营商、设备厂商、科研院所等机构与组织纷纷对其进行了深入的解读和探索实践。

国际电信联盟（International Telecommunication Union，ITU）发布的 ITU-T Y.2501 将算力网络技术定义为：一种通过网络控制面分发服务节点的算力、存储、算法等资源信息，结合网络信息，以用户需求为核心，提供最佳的计算、存储、网络等资源的分发、关联、交易与调配，从而实现整网资源最优配置和使用的新型网络技术[4]。

在国内，中国通信标准化协会（China Communications Standards Association，CCSA）网络与业务能力技术工作委员会在其发布的《算力网络需求与架构》研究报告中，将算力网络定义为：通过网络控制面（包含集中式控制器、分布式路由协议等）分发服务节点的算力、存储、算法等资源信息，并结合网络信息和用户需求，提供最佳的计算、存储、网络等资源的分发、关联、交易与调配，从而实现整网资源最优配置和使用的新型网络[5]。

IMT-2030（6G）发布的《6G 架构愿景和关键技术展望》白皮书提出，算力网络将实现泛在计算互联，实现云、网、边高效协同，提高网络资源、计算资源的利用效率，进而实现实时准确的算力发现、灵活动态的服务调度、一致的用户体验[6]。

在中国电信集团有限公司（以下简称"中国电信"）发布的《云网融合 2030 技术白皮书》中，算力网络作为一种可实现多维资源统一管控调度和服务的新型网络技术或网络形态，其架构在互联网协议（Internet Protocol，IP）网络之上，在第二阶段（云网融合阶段）可以着手发展，预计在第三阶段（云网一体阶段）全面实现[7]。

中国移动通信集团有限公司（以下简称"中国移动"）将算力网络作为发展战略。2021 年，中国移动在中国移动全球合作伙伴大会上发布《算力网络白皮书》，将算力网络定义为以算为中心、网为根基，网、云、数、智、安、边、端、链等深度融合，提供一体化服务的新型信息基础设施。算力网络的目标是实现"算力泛在、算网共生、智能编排、一体服务"，逐步推动算力成为与水、电一样，可以"一点接入、即取即用"的社会级服务，达成"网络无所不达、算力无所不在、智能无所不及"的愿景[8]。

中国联合网络通信集团有限公司（以下简称"中国联通"）在《中国联通算力网络白皮书》中指出，算力网络是云化网络发展演进的下一个阶段，聚焦算网协同的需求。中国联通在 2021 年提出了"大计算"布局，指出以计算能力和通信网络为核心算力网络作为一类新型基础设施将是国家数字经济发展、企业提升竞争能力的关键核心之一[9]。

结合算力网络发展背景与驱动力来看，算力网络不仅需要具备信息数据传递的功能，还需要提供智能高效的多样性资源供给与一体化服务，是一种先进的网络与数字时代下的新型信息基础设施。总体来说，算力网络以网络为基础，通过无所不在的网络连接，将超算中心、智算中心、云计算资源等泛在异构的算力资源并网，解决各中心彼此独立、用户选择单一受限的难题，同时搭建上层算网资源，统一运营平台，统一门户，实现算力交易，适配多样化应用场景，最终实现网络、算力、存储等资源的一体化供给与任务的统一调度。

1.2.2　算力网络的内涵

经过多年的发展演进，算力网络形成了多样化的理论体系与发展路径。从网络运营角度来看，算力网络提供了一种以网络为中心的全新资源运营模式，将网络作为算力需求与算力资源的汇集点，通过算力交易平台进行资源匹配；从网络架构来看，算力网络打破了原有网络与算力资源相互独立的局面，在架构层面形成了统一的算网体系，实现了逻辑层面的"化学反应"。

1. 算力网络：探索全新商业模式

算力网络通过一体化运营与调度，有效撮合资源需求方与资源供给方，在满足用户需求的前提下，实现对多类资源的优化分配。算力网络打破了当前云计算是用户唯一资源入口的局面，可以为用户提供更丰富、更具弹性的资源供给与一体化服务。让拥有超大算力的大型数据中心、分布广泛的边缘云甚至数量巨大的智能终端等多级泛在的算力通过无所不在的网络向用户提供多样化、个性化的服务。

1）算力提供方

算力提供方是指利用算力网络向其他用户提供资源或服务的供应者，算力提供方包括拥有基础资源（如云节点、边缘节点）的资源供应商和提供服务的服务供应商。算力资源可以是小微型边缘计算节点，也可以是大中型云计算节点或城域计算节点、超算中心等，因此算力提供方可以是网络运营商、大型云服务运营商，也可以是中小型企业、超算中心等，甚至是个人。

2）网络运营商

网络运营商是指提供连接服务的运营商，其利用网络资源将用户和算力资源连接在一起，并且可以根据用户的需求提供不同等级的连接服务。

3）算力消费方

算力消费方是指利用算力网络为自己寻找相应的资源或服务的使用方。算力消费方通常包括需要使用基础资源的应用开发平台和需要使用服务资源的终端用户。消费算力资源、网络资源的单位或个人会根据各自的业务情况，在成本、性能和安全性等方面提出不尽相同的要求。

4）算力网络交易平台

算力网络交易平台是指算力提供方和算力消费方进行交易的平台。这里的交易可以是公开交易，即算力消费方明确知道算力提供方是谁；也可以是匿名交易，即算力消费方无须知道算力提供方是谁，由交易平台负责保障交易的可靠性与计算的安全性。此外，在算力网络交易平台上，交易双方不只进行算力资源的交易，也会根据位置和业务需求完成网络资源的交易。

5）算力应用类商店、AI 赋能平台等

作为算力网络体系中的附加模块，算力应用类商店、AI 赋能平台等既可以为算力消费方提供基础的算力应用，也可以为算力提供方提供基于 AI 的辅助运营等功能。

从产业链角度看，算力网络中的算力提供方、服务提供方、网络运营商均会迎来新业务模式，获取新的市场机会。例如，云服务运营商将在"连接+计算"一体化服务场景下实现业务扩展，获得更多算力用户，充分利用已建设的算力资源，或者以更高效的方式获得额外的算力资源。数据中心运营商可以实现多域数据中心资源协同并提高存量算力运营效率，避免因维护闲置的算力资源而造成资源浪费与电力浪费。网络运营商则可以构建以网络为中心，云、网、边、端协同的算力资源服务平台，从而避免被"管道化"，从在远离用户的位置提供基础资源的商业模式转变为提供"一站式"资源打包服务的模式，发挥自身的网络与基础设施优势及资源连接能力，提升服务价值，实现产业的可持续发展。

2. 算力网络：多维度融合架构

在传统网络中，算力与网络相对独立，网络仅具备连接用户与各类计算节点的功能。而在算力网络这种新型网络架构下，网络的功能从连接算力转变为调度算力与组织算力，从而对多维资源进行统一管控、调度与供给，实现算力与网络在服务层、管控层和基础设施层的"化学反应"。

算力网络多维度融合架构包含 3 个层面：融合化基础设施层、融合化算网管控层和融合化算网服务层，如图 1-2 所示。融合化基础设施层是算力网络架构的基础底座，包括异构多层次算力基础设施和异构泛在网络基础设施。其中，异构多层次算力基础设施包括云计算节点、边缘计算节点、端侧算力节点等多层次算力资源，以及基础算力、智能算力、超算算力等异构算力资源；异构泛在网络基础设施包括 5G/ B5G①接入网络、确定性边缘网络、确定性广域网络、确定性数据中心网络等。算力网络通过网络基础设施连接泛在多级的算力基础设施，从而为资源管控层与算网服务层的深度融合奠定基础。

融合化算网管控层通过对算网资源的统一抽象封装与编排管理，将底层基础设施抽象为通用的能力与服务，实现算网资源的一体化管理、调度与部署，从而实现了计算与网络逻辑层面的"化学反应"。在传统算力资源与网络资源割裂的状态下，算力与网络资源的供给模式大多为大型算力服务商（如阿里巴巴、腾讯、百度等 OTT②互联网企业）租用网络运营商的网络资源，以自身业务生态为中心，实现算力资源的传输与调度。但是，由于不同业务生态相互割裂与排斥，用户无法获取灵活的算网一体化服务。同时，在此种模式下，算力资源被放在云网管理平台（以下简称"云管平台"）进行管理分配，网络资源被放在网管系统中进行管理，两者相互之间不可见、不可调。算力网络打破了算力资源和网络资源各自独

---

① B5G 的英文全称为 Beyond 5G，即超 5G，是一个泛在信息融合网络。
② OTT 的英文全称为 Over the Top，即基于互联网传输的新型应用。

立的系统壁垒，通过感知全网的算力资源，对算力信息进行路由通告，对算力资源与网络资源进行统一编排和调度，从而在管控层面实现了算力资源与网络资源的深度融合。

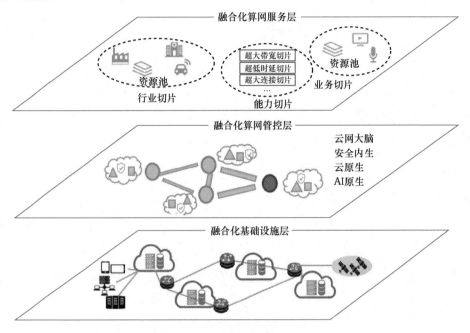

图 1-2　算力网络多维度融合架构

在融合化算网服务层，算力网络可以实现算网服务的深度融合。通过算力和网络的统一订购、集成与交付，算力网络可以提供匹配用户需求的算网融合化服务。初期，算力网络的产品主要以算网服务套餐为主，以算力资源和网络资源的组合来推广算网融合服务，后期根据技术、管控等层面的融合进展，在一体化资源供给服务体系的基础上，为客户提供不可拆分的算网融合产品，从而满足智能驾驶业务、算力需求密集型业务、时延敏感型业务等应用场景。算力网络的服务应满足自服务、实时性、自动化的要求，从基础设施即服务（Infrastructure as a Service，IaaS）、平台即服务（Platform as a Service，PaaS）、软件即服务（Software as a Service，SaaS）到网络即服务（Network as a Service，NaaS），算网服务能力不再是传统的"黑盒"模式，而是按需进行能力开放和服务的自动调用与灵活部署。

1.3　算力网络研究进展与技术趋势

迈入新发展阶段后，算力网络凭借其巨大的潜在需求在业界掀起了波澜。国际/国内标准化组织、网络运营商、云服务厂商及学术机构纷纷加入对算力网络的研究阵营。本节将从产业生态、产业联盟进展、技术趋势和标准化进展这几个方面对算力网络展开介绍。

1.3.1　产业生态

随着摩尔定律趋近于极限，面对不断倍增的算力和网络需求，通过网络集群优势突破单点算力的性能极限，提升算力的整体规模，成为产业界共同关注的热点。当前产学研正在积极探索，共同推动算力网络布局。行业层面，依托联盟形成区域协同、政企合作、产研融合的算力产业创新体系。

网络运营商包括基础网络服务商和增值网络服务商，如中国电信、中国移动、中国联通、AT&T 等。现阶段，国内网络运营商将 5G 和 MEC 作为网络服务升级的重要抓手，依托自有的骨干网络技术，将算力服务快速下沉到用户侧，为用户提供优质的算力服务，并提出"算力网络+算力平台+算力交易"的服务新模式，推进实施云网融合、算网一体等战略。

中国移动于 2021 年 11 月发布《算力网络白皮书》，对算力网络的产生背景、核心理念、应用场景、发展路径及技术创新进行了系统阐释，希望联合产业各方从产业推进、技术攻关、服务创新与生态构建等多方面共同推动算力网络的发展，并最终实现"网络无所不达、算力无所不在、智能无所不及"的愿景。中国移动在《算力网络白皮书》中给出了算力网络体系架构，其从逻辑功能上分为算网基础设施层、编排管理层和运营服务层。

中国联通于 2020 年 10 月发布《算力网络架构与技术体系白皮书》，主要从网络架构和技术体系两个方面探讨算力网络。2021 年 3 月，中国联通发布《中国联通 CUBE-Net3.0 网络创新体系白皮书》（以下简称"CUBE-Net3.0"）。CUBE-Net3.0

作为中国联通未来 5～10 年网络转型的顶层架构设计，以实现算网一体为重要目标，在基于 SDN/NFV 的 CUBE-Net2.0 的基础上，融合云原生、边缘计算、人工智能、内生安全等新的技术元素，强化要素深度融合，构建支撑经济社会数字化转型的新一代数字基础设施。在 CUBE-Net3.0 新一代网络架构的指引下，中国联通 2021 年 12 月发布《中国联通算力网络实践案例（2021 年版）》，详细介绍了中国联通算力网络的应用实践成果，并结合若干场景对算力网络的创新应用和部署方式进行了展望。

中国电信于 2020 年 11 月发布《云网融合 2030 技术白皮书》，主要从技术角度对云网融合未来演进的重点技术领域进行了深入剖析，将算力网络视作云网融合的重点技术创新领域进行了探讨，并提出了云网融合愿景架构。该愿景架构主要分为 3 个阶段：云网协同、云网融合和云网一体。算力网络作为云网一体阶段的关键特征，将全面促进简洁、敏捷、开放、融合、安全、智能的新型基础设施的实现。在 2023 年 8 月召开的第七届未来网络发展大会上，中国电信进一步发布了"云网一体信息基础设施"系列白皮书，其中包含《云网融合下的算力网络技术与实践白皮书（2023 版）》，从云网融合 3.0 的深层含义和目标愿景出发，详细描述了算力网络技术的应用场景、技术体系架构及其演进路径，并系统地介绍了中国在电信算力网络标准化、设备研发和试点落地方面的实践经验与取得的成果。

在云计算生态发展的大趋势下，单纯的云基础服务设施已经不再具备前沿竞争力，提供分布式云服务及贴合下游垂直应用场景的行业级解决方案成为云服务运营商突破重围的核心策略之一。目前包括浪潮集团有限公司（以下简称"浪潮"）、华为技术有限公司（以下简称"华为"）、深圳市腾讯计算机系统有限公司（以下简称"腾讯"）、微软等在内的云服务运营商纷纷进行相关尝试，利用自身的优势资源，将云计算服务逐步向网络边缘侧进行分布式部署。

早在 2011 年，浪潮就确定了云计算战略。2021 年 5 月，浪潮宣布完成中国最大规模的一次分布式云迁移，涵盖 169 个分布式云节点，基于统一的数据云 OpsCenter 实现持续性迭代升级，历时半年，超过 20000 个业务应用系统迁移至浪潮分布式云，建成了全国最大的分布式云骨干体系。基于分布式云的能力，浪潮还推出了"分布式云+"行动计划——"1+2+N+生态"，即打造一朵"分布式云"，聚焦数字政府和工业互联网两大重点领域，对多个业务场景进行云数智一体化的标准化输出，助力政企客户快速转型，联合合作伙伴共建生态。

2017 年，华为确定将云计算作为战略方向，成立了专门负责公有云的云业务部门（Cloud Business Unit，CloudBU），并表示将"强力投入公有云业务"。2021 年 9 月，华为推出了业界首个分布式云原生产品——无处不在的云原生服务（Ubiquitous Cloud Native Service，UCS），目标是把云原生能力带入企业的每个业务场景。经过几年的发展，目前华为已上线 240 多项云服务，聚合全球超过 38000 家合作伙伴，发展 302 万名开发者，云市场上架应用超过 7400 个[3]。

2019—2020 年，随着腾讯云的快速发展和用户的迅猛增加，腾讯虚拟机规模达到了千万台，IPv6 导致路由条目达到亿级，无论是交换机、路由器还是网络设计处理能力都遭遇发展瓶颈。为此，腾讯云引入了 x86 网关集群作为控制面，同时在骨干网中引入 x86 NFV 设备，用控制器完整地调度全网路由及全网的配置分发和计算。腾讯也加速了网络设备的迭代以提高可运维性，主要采用白牌硬件和开源操作系统，形成了全自主研发、可控的网络体系，为 2020 年和 2021 年进入算力时代的网络架构变革做好了准备。"星脉"高性能计算网络是腾讯云网络的第三代架构，在千亿级和万亿级参数预训练大模型新需求的驱动下形成了新型网络架构，也就是超大东西向（数据中心内）流量架构。在高性能计算网络架构下，腾讯网络时延进一步降至 10～40 ns，丢包率达到 0，负载率超过 90%。

另外，云服务运营商与基础网络运营商密切合作，扩大边缘节点规模。根据阿里云的数据，目前阿里云已将超过 2800 个内容分发网络（Content Delivery Network，CDN）的网络运营商侧边缘节点转换为边缘云节点模式，为 IoT 设备提供 300 多种协议驱动程序，管理多达 10 万个边缘节点。客户可以在几分钟内创建边缘资源，从终端到节点的响应时间缩短到 5 ms，并为中心减少 30%以上的带宽成本。微软与 AT&T 合作，在包括亚特兰大、达拉斯和洛杉矶在内的许多地方为网络运营商提供嵌入了 Azure Stack Edge 的 Azure Edge Zones。Azure Stack Edge 是一种尺寸为 1U、处理器为 2×10 核心英特尔®至强®、内存为 128 GB 设备，用户可以为其配置容器或虚拟机，作为 Kubernetes（简称 K8s）设备集群加以管理。这些方案提供了位置选择和网络灵活性，将云计算中心的计算和服务带到了边缘。

1.3.2　产业联盟进展

国内主要研究算力的相关产业联盟和组织包括边缘计算产业联盟、网络 5.0 产业和技术创新联盟、中国通信学会等。

1. 边缘计算产业联盟

2016 年 11 月 30 日，由华为、中国科学院沈阳自动化研究所、中国信息通信研究院、英特尔、ARM 公司和软通动力信息技术（集团）有限公司联合倡议并发起的边缘计算产业联盟（Edge Computing Consortium，ECC）正式成立。该联盟定位于搭建边缘计算产业合作平台，推动并组织培训（Organize Training，OT）和 ICT 产业开放协作，孵化行业应用最佳实践，促进边缘计算产业健康与可持续发展。其愿景为引领边缘计算产业蓬勃发展，深化行业数字化转型。ECC 与工业互联网产业联盟、工业互联网联盟、软件定义的网络功能虚拟化（Software Defined Network Function Virtualization，SDNFV）产业联盟、中国自动化学会（Chinese Association of Automation，CAA）、Avnu Alliance 等组织建立了正式的合作关系，在标准制定、联合创新、商业推广等方面开展全方位合作。在垂直行业，ECC 采用水平工作组与垂直行业委员会并行的运作方式，其中一个核心的工作方向是通过共建联合测试床打造边缘计算的创新解决方案，挖掘产业价值，推动应用落地，帮助联盟成员取得商业成功。截至目前，ECC 已经发布了包括《运营商边缘计算网络技术白皮书》在内的 10 部白皮书和覆盖工业制造、智慧城市、电力能源、交通四大行业的 20 个测试床方案[10]。

2. 网络 5.0 产业和技术创新联盟

网络 5.0 产业和技术创新联盟（以下简称"网络 5.0 产业联盟"）成立于 2018

年 6 月，其致力于打造一个由中国主导的、面向国际的、开放的、有影响力的下一代数据通信网络技术标准组织，探讨数据通信网络领域的中长期愿景与需求，凝聚共识，采用顶层设计，提出面向未来的网络 5.0 创新架构，有节奏地推进技术创新，为政府网络产业政策的制定提供产业参考，牵引产业发展方向，推进数据网络产业健康可持续发展。2020 年，网络 5.0 产业联盟专门成立了算力网络特别工作组，依托联盟的平台和资源，聚集并联合多方力量，共推共创算力网络产业影响力，构建算力网络生态圈。该工作组前期主要围绕算力网络的架构和技术规范等方面开展研究与制定工作，并推动相关成果在国内外相关组织中形成标准及实践应用。从中长期来看，该工作组致力于通过算力网络构建全新的网络基础设施，帮助整合海量的计算、存储资源和众多应用，形成一个开放的生态系统。其目标是将未来大量碎片化、分散化的算力和存储等 IT 资源统一整合到算力网络平台上，以统一的服务方式为用户提供便捷的按需使用体验，并孵化出全新的算力商业化模式。

3. 中国通信学会

中国通信学会（China Institute of Communications，CIC）于 2021 年 7 月成立了算网融合标准工作组，由中国信息通信研究院牵头，联合产学研用生态各方，成员单位包括北京航空航天大学、中国电信、中国移动、中国联通、华为、国家超级计算济南中心、天翼云等 10 余家高校和企事业单位。该工作组计划立足国内行业发展的实际需求，聚焦算网融合技术演进领域，从计算网络化和网络计算化两个方向入手，联合 ICT 领域各方，共同发起一系列标准研制工作，构建规范化和标准化的标准体系，提高国内企业的竞争力和国际影响力，引导算力产业生态的健康发展。

2022 年 10 月 30 日，中国通信学会算力网络委员会成立大会在线上成功召开。中国通信学会算力网络委员会作为全国性算力网络学术机构，共有委员 65 人，未来将进一步聚集算力网络产学研相关中坚力量，不断发挥自身的平台化、国际化、专业化优势，推动我国算力网络事业创新发展，助力数字信息基础设施建设。

1.3.3 技术趋势

互联网、大数据、云计算、人工智能、区块链等技术创新加速了数字经济的发展。数字经济的发展将推动海量数据的产生，数据处理需要云、边、端协同的强大算力和广泛覆盖的网络连接。多样性算力、算网融合等成为重要趋势，具体体现在以下几个方面。

1. 算力多样泛在

算力作为新的生产力，呈现出多样化、泛在的发展趋势。基础通用算力主要基于 CPU 芯片的服务器提供基础通用计算，CPU 遵循的是冯诺依曼架构，即存储程序、顺序执行，擅长处理复杂的逻辑运算和不同的数据类型。智能、大规模计算主要采用图形处理器（Graphics Processing Unit，GPU）、现场可编程门阵列（Field Programmable Gate Array，FPGA）、专用集成电路（Application Specific Integrated Circuit，ASIC）等芯片的加速计算平台。GPU 是执行规则计算的主力芯片，采用了数量众多的计算单元和超长的流水线，适合并发计算，解决 CPU 在大规模并行运算中受到的速度限制问题。数据处理器（Data Processing Unit，DPU）是继 CPU、GPU 之后数据中心场景中的第三颗重要的算力芯片，作为 CPU 的卸载引擎，接管网络虚拟化、硬件资源池化等基础设施层服务，释放 CPU 的算力到上层应用，具有卸载、加速和隔离 3 个主要特点，主要应用于网络功能卸载、存储功能卸载和安全功能卸载 3 个应用场景。DPU 的出现是异构计算的又一个阶段性标志。

随着行业数字化转型的深入，具有大带宽、广连接、低时延等不同需求的业务场景出现了，算力由集中到下沉，算力资源从数据中心向云、网、边、端多级分布，加上日益增多的泛在计算设备，形成了边缘计算、超边缘计算、边计算、"边缘算力+端算力"的泛在算力。

2. 算网深度结合

网络的发展让算力更易泛在扩展，让数据更易流动，用户使用更加便捷。要让算力发挥极致的性能，网络技术需要进行变革创新。在 5G 及后 5G 时代，为了迅捷高效地响应业务的计算需求，算力资源逐渐下沉至靠近用户的边缘，并形成异构多样、分布式的算力部署新态势。随着云形态从单一的集中化部署发展为分散的边缘云（边缘计算），算力资源从中心云的集中模式逐渐向云、边、端的分布式模式转变。网络基础设施通过其成熟发达的连接感知触角，将多级分布的算力资源进行统一的动态纳管、调度和编排，实现全网资源的虚拟算力池化优势，在提高服务质量和资源利用率的同时，为网络运营商使能全新的业务提供能力和算网融合商业模式。

因此，将全网的算力资源与网络的精准传输能力更好地结合起来，实现云、边、端三级算力的分配和协同，是人们对网络提出的新要求。网络需要根据不同的业务需求，结合网络实时状况、计算资源实时状况，将业务导入最合适的计算节点以执行计算任务，实现用户体验最优、计算资源利用率最优、网络效率最优。进一步地，通过动态优化连接的特性（如带宽、时延等），为计算资源的动态利用提供更好的网络连接 QoS，从而实现计算和网络的深度融合，实现云、网、边、端的智能协同。

3. 要素融合互促

算力将成为多技术融合、多领域协同的重要载体。算力内核的极致化和专用化（如 GPU/DPU）推动人工智能、大数据、区块链等技术的性能不断提升。行业数字化转型也需要综合应用组合技术创新。例如，区块链技术解决了多方数据可信的问题，大数据为人工智能提供了海量的训练集，人工智能技术提高了区块链的效率等。区块链、大数据、人工智能等技术的融合和跨领域协同，可以进一步提高算力服务的智能化水平、可信交易能力，推动算力服务向纵深发展。

4. 算网一体服务

算力与网络的深度融合推动算网服务向极简一体化方向转变。算网服务从过去"云+网"服务的简单组合转变为算网深度融合、灵活组合的一体化服务。随着云原生、软件定义网络（SDN）、软件定义的广域网（Software Defined Wide Area Network，SD-WAN）、无服务器计算、函数即服务（Function as a Service，FaaS）等技术不断成熟，以及相关研究人员不断探索网内计算、意图感知等技术，算网服务开始从资源型向任务型发展，其跨层次、多形态的极简一体化能力将更加强大。

1.3.4　标准化进展

算力网络作为一种新型网络架构，将分布的算力资源进行连接并提供算力和网络的统一编排，同时为应用屏蔽异构算力资源，提供统一的算力服务。目前看来，算力网络仍是构建在已有的 IP 网络上的增强型联网技术，它并不是脱离互联网而单独存在的。算力网络作为一种新的技术，是目前国内外标准化研究领域的一个热点。目前主要从架构、安全和服务等几个方面研究算力网络的标准。表 1-1 给出了部分标准的进展情况。

表 1-1　国内外主要标准组织的算力相关标准进展[11]

标准组织	标　准	主 要 内 容
ITU-T	《算力网络的框架与体系结构》	定义了算力网络的顶层架构，包括算力网络的典型应用场景、框架架构和重要功能模块等
	《算力网络的信令需求》	研究执行算力网络相关的信令需求和相关流程
	《算力网络边界网关的信令要求》	研究算力网络中边界网络网关智能控制的要求和信令
	《算力网络框架与架构标准》	提供了计算电源网络的框架和架构，指定了其功能实体，定义了这些功能实体的功能，并提供了计算电源网络的代理场景、要求和安全注意事项
	《支持算力网络下一代网络演进的编排增强的要求和框架》	研究并制定支持算力网络下一代网络演进的编排增强的业务要求和系统框架
	《算力网络认证调度架构》	研究和制定算力网络相关的认证和调度体系架构
	《算力感知网络的需求及应用场景》	研究算力感知网络的感知、控制和管理的关键技术体系
IETF	《计算优先网络的场景和需求》	研究并制定计算优先网络的典型场景和业务需求
	《计算优先网络框架》	引入了一个计算优先网络框架，使服务请求被发送到最佳边缘以改进整个系统的负载均衡
	《计算优先网络现场试验报告》	进行计算优先网络集成测试验证，主要验证 CFN 组件与现有 MEC 软硬件环境及业务系统的集成能力
BBF	《城域算力网络：用例和高级需求（TR-466）》	专门研究算力网络在城域网中的应用

（续表）

标准组织	标准名称	主要内容
CCSA	《算力网络 控制器技术要求》	主要研究算力网络控制器的业务需求、能力需求、技术需求、功能模块、控制器与算力网络资源层接口建议、控制器与其他模块接口建议
	《算力网络 交易平台技术要求》	主要研究算力网络交易业务需求、算力网络交易功能需求、算力网络交易平台功能架构、算力网络交易要求
	《算力网络 标识解析技术要求》	通过算力标识解析技术实现面向算力网络的异构算力标识解析技术，研究算力标识和网络标识之间的映射关系等
	《算力网络 算力路由协议技术要求》	研究并制定算力感知网络的协议要求，内容主要包括算力感知网络的协议架构、协议功能描述、协议要求等
CCSA	《算力感知网络的架构和技术要求》	研究并制定算力感知网络的功能技术要求，主要包括算力管理层、算力应用层、算力路由层等的功能，制定控制面、转发面和管理面3个平面的功能与协议栈等
	《算力网络 开放能力研究》	围绕算网一体化服务的DevOps（过程、方法与系统的统称）相关的前沿技术进行跟踪研究，对其发展趋势进行梳理，围绕面向算网一体化的能力开放发展进度、网络测试服务化及算网智能化运营等进行研究
CIC	《算网融合总体技术要求》	围绕算网融合的总体架构和运行逻辑，研究算网融合架构、功能、性能、安全、运维和可靠性等方面的要求
	《算网融合 基于电信级区块链的算力交易系统技术要求》	针对算网融合算力交易的特殊性，制定关于基于电信级区块链的算力交易系统的系统架构、功能逻辑、交易流程等技术规范

在国际标准方面，IETF在2019年2月成立了网内计算研究组（Computing in the Network Research Group，COINRG），致力于研究算力和网络的深度融合，以改善网络和应用程序的性能及用户体验。目前，COINRG已经在网内计算需求、传输协议问题、工业用例、网内计算安全与隐私、以应用为中心的网内计算微服务等方面提交了多项互联网草案，草案中分析了网内计算的需求，在网络方面的需求包括高精度、并发处理和信息交互等，在计算方面的需求包括计算资源的部署、发现和调度等。同时，路由领域工作组（Routing Area Working Group，RTGWG）发布了多个标准网络运营商、云服务厂商及国外网络运营商、云服务厂商的观点与看法、技术发展趋势、标准化进展等方面的草案，主要涉及算力网络的应用场景及要求、算力网络的架构、算力网络的现场测试等。

中国电信在云网融合战略下，在业界率先提出算力网络理念，并牵头在国际电信联盟制定了算力网络标准框架。2019 年 10 月，由中国联通、中国电信和华为共同推动的算力网络顶层架构标准（ITU-T Y.2501）在国际电信联盟电信标准化部门第 13 研究组（Study Group，SG13）全会上成功立项。2021 年 7 月，国际电信联盟 SG13 研究团队开启了 Y.2500 系列编号，制定了算力网络系列标准，由中国电信牵头的 ITU-T Y.2501 为该系列的首个标准。目前，算力网络在国际上主要由 ITU-T SG11 和 SG13 研究，已有相关在研标准 20 余项。2023 年 3 月，中国移动在 IETF 发起成立了算力路由工作组（Computing Aware Traffic Steering，CATS）并担任主席。CATS 是 IETF 路由域近 20 年来由中国高校/公司牵头成立的两个工作组之一，标志着算网一体化技术体系取得了里程碑式的进展。

在国内标准方面，中国通信标准化协会与网络 5.0 产业联盟积极推动算力网络的研究和标准化工作，并于 2020 年 6 月在网络 5.0 技术标准推进委员会（CCSA TC614）上正式成立算力网络特别工作组。该工作组将依托联盟的平台和资源，聚集并联合多方力量，共推共创算力网络产业影响力，构建算力网络生态圈。2020 年 11 月，中国联通成立中国联通算力网络产业技术联盟，全产业链合作伙伴将在"连接+计算"领域携手并进，共建算力网络生态，共推商业落地，共享转型成果。

2 Chapter

第2章
算力网络技术发展路径

云网融合是国家级数字信息基础设施的核心特征。《中华人民共和国国民经济和社会发展第十四个五年规划和 2035 年远景目标纲要》第十五章"打造数字经济新优势" 中明确提出:"充分发挥海量数据和丰富应用场景优势,促进数字技术与实体经济深度融合,赋能传统产业转型升级,催生新产业新业态新模式,壮大经济发展新引擎。"信息通信行业面临新使命、新动能、新要求、新空间、新挑战5 个"新"形势,企业上云与应用向纵深发展将成为数字产业发展的重要趋势。中国电信运营商把握机遇,持续推进云网融合创新,加快产业和数据业务全面融云,实现云网业务协同高速发展。

在此发展背景下,算力网络作为支撑数字时代差异化、智能化业务需求,推动算力与网络深度融合,以及以用户为中心提供最优资源服务与网络连接的新型网络架构和技术,成为我国"十四五"时期重要的新兴技术与重要基础。本书第 1章提到,2019 年 9 月,ITU-T 发布了算力网络方面的首个国际标准 ITU-T Y.2501,定义了算力网络的功能架构,为算力网络的技术发展奠定了基础,成为中国电信运营商制定算力网络发展路径的指导方针。第 1 章还介绍了算力如何推动社会发展并为未来的生活带来怎样的改变,详细介绍了算力网络的研究进展和发展趋势。本章将从算力网络的技术发展路径展开论述,特别是对基于 ITU-T Y.2501 的算力网络架构和关键技术等进行详述。

2.1 算力网络是云网融合的载体

云网融合是一个新兴的、不断发展的新概念，在技术和战略层面有着丰富的内涵。从技术层面看，它打破了传统云和网的边界，使云和网的基础资源从独立走向融合，多云协同、云边协同、云网边端协同等多种方案不断发展，构筑了统一的云网资源和服务能力，实现了新型信息基础设施的资源供给。从战略层面看，云网融合促进网络运营商在业务形态、商业模式、运维体系、服务模式等多方面进行调整，从传统通信服务转型为智能化数字服务。

云网融合既是技术发展的必然趋势，也是客户需求变化的必然结果。对企业客户而言，需要通过多云部署、云边协同、一体化开通服务等方式提升竞争优势；对政府客户而言，数字城市、数字社区等场景对云的能力和安全性提出了越来越高的要求；对个人客户而言，基于云的扩展现实（Extended Reality，XR）等应用成为新的娱乐、生活方式；对家庭客户而言，基于云的智慧家庭服务越来越不可或缺。所有这些场景都对云网融合提出了新的要求[7]。

云网融合是数字信息基础设施的核心特征，算力基础设施是其重要组成部分。我国加快"东数西算"工程建设，对数据中心等算力设施进行统筹规划和布局。中国电信作为提出云网融合理念并付诸实践的网络运营商，基于自身的网络优势与资源覆盖优势，率先在全国形成"2+4+31+X+O"的算力布局，构建了云、边、端协同的层次化算力服务体系，推动算力多元化供给，实现了通用算力、智能算力、高性能算力的协同发展。这一布局不但契合"东数西算"规划，而且面对数字经济发展机遇具有先发优势。

算力和云的协同整合依赖网络连接。一方面，需要利用网络进行计算数据的抓取和感知，实现计算结果的传输和互通；另一方面，算力网络的价值最终体现在整合算力和连接、保持用户的一致性、提高资源的使用效率上。因此，网络成为算力网络基础中的基础。具体来看，与多样化的算力适用于多样化的应用需求相同，网络也存在多样化性能，如时延、速率、可靠性和连接密度等。不同的应用需求要求不同的网络性能与之相适配，以满足业务的正常运作。例如，工业互联网对网络可靠性、车联网对网络低时延都提出了较高要求。由于应用对网络的需求是通过算力对网络的需求传导的，因此算力资源协同整合的关键是算力与网络的协同整合。

算力网络的愿景建立在云、网、边深度融合的基础之上，依赖各方技术的发展，在当前场景下，尤其需要新架构和精准网络的相互支撑。在算力时代，新业务、新场景赋予算力新的内涵和特性，算力网络成为云网融合的载体。以云网融合为代表的"连接+算力"融合成为国际、国内主流标准组织的重点布局和立项新领域，各产业生态参与方积极开展相关技术研究，推动产品和方案在行业中落地部署。国内网络运营商依托自有的骨干网络和优势，将算力服务快速下沉到用户侧，并提供"算力网络+算力平台+算力交易"的服务新模式。

云网融合是一个长期的、不断演进的过程，算力时代的新业务需求和关键技术将为云网融合目标的实现注入更加强大的动力，提供泛在、可信的算力服务。算力网络是网络运营商云网融合的重要技术路径，网络运营商未来还将进一步完善算力网络等技术，深化"连接+算力"的新型应用，在算力时代背景下，充分发挥云网融合基础设施的效力，打造绿色、安全、智能的算力网络。

2.2　算力网络发展阶段

云网融合是通信技术和信息技术深度融合所带来的信息基础设施的深刻变革。从发展历程来看，可将其分为云网协同、云网融合和云网一体 3 个阶段，最终使传统相对独立的云计算资源和网络设施融合成一体化供给、一体化运营、一体化服务的体系。算力网络发展规划结合云网融合的 3 个阶段，给出了对应的算力网络发展的 3 个阶段，分别为单点算力协同阶段、算网融合阶段和算网一体阶段，如图 2-1 所示。

在单点算力协同阶段，相互独立的算力资源和网络资源分别与业务进行适配，满足传输、计算和存储需求，实现算网基础层面的无缝对接，满足应用对"一站式"服务的基本要求；在算网融合阶段，在打通算网物理层的基础上实现算力和网络的相互嵌入，发生"物理反应"，实现算网功能和操作上的统一；在算网一体阶段，算力和网络将彻底打破界限，融为一体，产生"化学反应"，客户将感知不到计算、存储和网络三大资源的隔离与差异，从而完全实现资源和能力的统一。

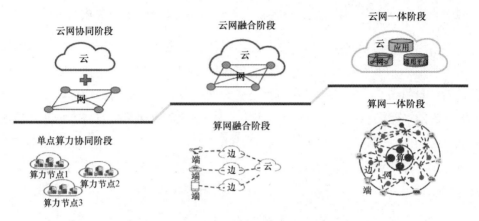

图 2-1   算力网络发展的 3 个阶段

2.2.1   单点算力协同阶段

随着异构计算、云计算、边缘计算等技术的持续迭代，算力形态不断演进，呈现异构、泛在化发展特征。例如，以数据为中心构造的专用处理器 DPU，通过灵活卸载虚拟化、网络、存储、安全等基础服务负荷及业务负荷，充分满足算力网络的多场景要求，因此被广泛应用于高性能存储、AI 训练、视频处理等场景；同时，以计算为中心的 CPU 由于充分适配流动性、灵活性场景，将长期存在。这些异构泛在算力对网络的带宽、时延、调度等能力提出了新的需求，网络需要通过优化架构、引入新技术等满足这些新需求。在光网络方面，可以部署单波 400 Gbps 速率的可重构光分插复用器（Reconfigurable Optical Add-Drop Multiplexer，ROADM）新平面、部署新型低损光纤、扩展 C+L 波段等；在 IP 网络方面，可以部署端到端 SRv6[①]，引入确定性、新型组播位索引显式复制（Bit Index Explicit Replication，BIER）等新技术。升级网络基础设施要素，以网筑基打造超宽敏捷的算网基础设施底座。

在单点算力协同阶段，算力节点之间彼此相对独立（如天翼云、华为云、网络运营商 CT 云等），通过算力编排选择最优资源池。该阶段着力制定算力网络标

---

① SRv6的英文全称为Segment Routing over IPv 6，即基于IPv6转发平面的段路由。

准，统一规划算力网络技术路线，进行算力网络技术可行性验证并进行小规模试点。在该阶段，算力编排和网络编排互通，实现了算网流程的协同，为用户提供算网服务统一入口，实现算网服务的一站式开通。

2.2.2　算网融合阶段

算力分布包括云算力、边缘算力和终端算力 3 个层面，在实际应用中，各种算力不是孤立发挥作用的，必须协同整合。首先，每种算力都根据一定的应用需求预测来确定算力资源部署，在一定时间内算力资源是一个恒定值。但是，实际应用需求是千变万化的，且有高低峰值之分。例如，办公楼宇的视频监控业务场景，白天高峰时期会出现算力资源紧张，不能支撑业务的计算需求，而夜间低峰时期会出现算力冗余和浪费。在这种情况下，各种算力之间只有协同合作和分担调配，才能解决算力和业务分布不均造成的算力资源缺乏及单点高质量算力供给不足等问题，以满足业务对算力的潮汐需求，最终实现各种算力的动态均衡和整体效率最优。其次，许多跨地域的应用本身就需要 3 种算力同时发挥作用才能保证业务的正常运作。例如，在网联汽车应用中，行驶中的汽车不仅需要利用车载计算能力对车内外实时状况进行感知和判断，然后做出应急反应，还需要利用边缘计算能力对周边的交通环境进行互动和分析处理，做出实时路径的合规选择；另外，还需要利用云端的计算能力做出整体路径的最优选择，实现远程操控和数据备份。最后，随着数字化转型的不断深入，应用将越来越复杂，部分应用的处理量和复杂度很可能会超过某一单点算力资源的处理能力，必须同时调动多种算力资源进行并行计算，以提高规模化处理能力。

进一步地，随着算网在协议层面的深度融合，算力和网络在物理形态上将逐步趋同。网络、接入设备将同时具备计算处理能力，借助可编程无损网络、算力路由等技术，在数据转发过程中同时进行计算处理，从而大幅降低处理时延，提升应用的性能和实时性。

2.2.3　算网一体阶段

在算网一体阶段，技术充分成熟，算力和网络原生一体。网络能够全面感知算力，网络节点具备内生的算力资源，可以直接为用户提供服务。算网一体的实现不仅需要网络技术不断演进，更需要重视基础设施中前瞻技术的发展，真正实现网中有算、算中有网。

网中有算是指网络在传输数据的同时，利用网卡、交换机、信道等网络元素进行数据处理，有效降低数据传输再处理产生的时延。下面以在网计算、空中计算为例介绍网中有算的实现。可编程网络硬件的进一步发展使在网计算成为可能。例如，交换机、智能网卡等设备拥有流处理核心，可以作为一个平台执行部分计算任务；同时，将深度学习等人工智能模型卸载到智能网卡中，在智能网卡中传输数据的同时完成数据的计算与处理。在网计算还被证明可以在共识协议、在网缓存等多种场景中提升通信系统性能。空中计算利用信道的叠加特性和节点的并发传输功能，直接在空中对来自不同用户的数据进行快速计算，实现通信计算一体化。此外，空中计算与分布式架构的联邦学习相结合，在通信时完成全局参数汇聚，可增强数据隐私安全性；与深度学习等算法相结合，设计适用于人工智能的框架，更好地服务于与机器学习相关的上层应用。

算中有网是云网融合发展的另一个理念，通过网络实现异构分布式资源或设备的统一管控与调度，从而提供标准统一、高效便捷、安全可靠的服务。分布式解耦机框（Distributed Disaggregated Chassis，DDC）技术深度解耦服务器设备、云化管控平面，并基于转发资源池思想构建网络云模型，借助网络互联运行远端服务器或数据平面的容器，优化资源使用方式，实现资源的按需使用与弹性伸缩。算中有网技术实现了基于体系结构的解耦与云化，使解耦后的设备通过网络灵活、弹性地运行远端资源或服务功能，从软硬件维度全面突破单个机框的资源限制。

2.3 算力网络技术方案

目前，算力网络技术方案主要分为3种：集中式方案、分布式方案和混合式方案。算力网络技术方案的实施需要一个分阶段演进的过程。初期可以采用集中式方案验证算力网络的基本概念，之后在小规模网络场景中引入分布式方案，待分布式算力路由协议成熟稳定后，再使用混合式方案，实现集中式方案与分布式方案的协同部署。

1. 集中式方案

在集中式方案中，算网编排系统直接与资源池互通，并与网络设备连接，通过云管系统和网管系统获得算力资源与网络资源，利用决策模块确定算力节点和网络路径，最后由云/算管理系统与网络管理系统下发配置。集中式方案实现简单，可以基于已有的云管和网关系统实现，不需要对现网做出过多的改变，更适用于纳管单方资源池的场景。但是，该方案依赖系统对全网资源的管控能力，处理能力会成为瓶颈。在纳管多方资源池时，需要打通多个管理系统的接口，可扩展性和实施性较差。

2. 分布式方案

在分布式方案中，算力网关实现算力资源感知、算力资源分发、资源表项生成、策略定制等全部功能，除支持统一的算力网络协议栈外，还具备生成云网策略的能力。分布式方案扩展了传统的 IP 路由协议，将资源选择分散到各个节点运行，从而避免构建集中式管控系统，支持多方异构资源的接入，具有良好的扩展性。但该方案的实现较为复杂，需要对现有的网络设备进行升级，对算力网关的能力要求高，要求其支持编排管控等复杂功能。

3. 混合式方案

在混合式方案中，算力网关实现算力资源的感知、分发功能，算网编排系统负责生成资源表项、进行策略制定并分配云/算网资源。该方案支持多方异构资源接入，算力网关和算网编排系统各自实现部分功能，对单一设备压力小，是现阶段的优选方案。但是，混合式方案需要引入新的算力网关设备，并与上层系统适配。

算力的引入给互联网的发展带来了深远的影响，巨大的算力市场和互联网融合后，新业态和算力互联需求初步显现。基于此，中国信息通信研究院提出了算力互联网的概念。算力互联网的本质是通过在互联网体系架构上增加算力标识、算力调度等功能并增强高性能传输协议，实现全网范围内异构算力的智能感知、实时发现和随需使用，使计算任务及其相关数据可精准地找到与之相适应的算力资源并高效地执行，形成算力标准化、服务化的大市场及算力相互连接、灵活调用的"一张网"[12]。

算力互联网旨在建立高速数据中心直连网络，支撑大规模算力调度，构建以数据流为导向的新型算力网络格局，满足下一代超算业务对海量、高效、泛在算力的需求。算力互联网势必成为未来算力网络技术方案的优先选择。

2.4 算力网络关键技术

2.4.1 算力网络系列标准

1. 算力网络功能架构

ITU-T Y.2501 定义的算力网络功能架构，如图 2-2 所示。ITU-T Y.2501 将算力网络功能架构分为 4 个层次，分别是算力网络资源层、算力网络控制层、算力网络服务层和算力网络编排管理层。ITU-T Y.2501 围绕这 4 层架构提出了算力标识、算力度量、确定性网络、算力感知、算力路由、算力交易、算网编排、算力调度等关键技术。

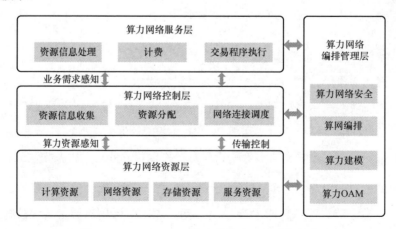

图 2-2　ITU-T Y.2501 定义的算力网络功能架构

1）算力网络资源层

算力网络资源层是算力资源所在的位置，包括在资源节点（如云计算节点、边缘计算节点，以及各类具有计算能力的通信、感知终端和各类分布式计算终端等）中使用的资源，如计算资源（如服务器等）、网络资源（如交换机、路由器等）、存储资源（如存储设备），以及在服务器上运行的已部署的服务资源。在算力网络资源层，多维资源的感知可以依靠资源主动上报或网络侧主动探测的方式实现，未来资源的感知还可以依靠通感网络实现。针对异构的算力资源，还应在算力网络资源层实现算力的统一度量。对于不同位置的算力资源，需要通过网络建立可靠有效的连接，使算力成网，从而为上层服务奠定基础，并且需要对算力到算力、算力到业务之间的连接提供确定性保障。

2）算力网络控制层

算力网络控制层是算力网络体系架构的关键，它将算力网络资源层的信息通过算力路由的方式进行收集，并将其发送到算力网络服务层以进行进一步处理。未来在算力网络控制层也可以结合通感技术感知各节点算力占用情况及节点动态位置，同时将感知信息作为先验信息，利用监督学习技术，对未来算力占用情况及网络拓扑动态变化进行有效预测，并将当下感知及预测的结果发送至算力网络服务层和算力网络编排管理层进行处理。

3）算力网络服务层

算力网络服务层是连接算力网络与用户服务的桥梁。算力网络服务层南向与算力网络控制层进行连接，从控制层接收整网资源信息，北向与算力业务进行连接，获取业务的需求和实时状态，并根据业务的需求动态生成以用户为中心的算力网络资源视图。用户可以根据资源视图选择最佳算力资源，选择的结果将被发送到算力网络控制层占用资源并建立网络连接。在算力网络服务层，用户需求的感知和最佳资源的选择可以通过用户主动上报的方式实现，也可以结合人工智能技术对业务需求的变化进行动态预测，并根据场景模型为用户匹配最佳算力资源。

4）算力网络编排管理层

算力网络编排管理层是针对多样化、定制化的算网融合服务需求，基于算力和网络的原子能力进行灵活组合，实现统一编排。算力网络编排管理层具有算力网络安全、算力编排、算力建模、算力运营管理维护（Operation Administration and Maintenance，OAM）功能。

该功能架构从算力网络的需求出发，在编排管理层的协作下，通过控制层收集资源层的资源信息，提供给服务层进行可编程处理，并根据返回的结果实现资源占用，建立网络连接，从而进行算力的调度。各层相互协作，为用户提供多样化的服务模式，实现资源的最优配置。

2. 算力网络功能架构各层次对应的标准

目前在 ITU-T Y.2501 架构的基础上，一系列标准化工作正在积极推进。

1）算力网络资源层的相关标准

在算力网络资源层，ITU-T 的 Q.CPN、Q.BNG-INC 标准分别研究算力网络和算力网络边界网关的信令要求；Q.CPN-RM-SA、Y.ARA-CPN 标准分别研究算力网络资源管理的信令架构和算力网络认证调度架构；Q.cpi、《网络 5.0 算力标识技术要求》探讨如何对算力信息进行标识。

2）算力网络控制层的相关标准

在算力网络控制层，ITU-T 的 Y.CPN-CL-Arch 标准用于制定算力网络控制层架构，解决算力网络中的资源信息收集、资源分配和网络连接调度问题；Q.CPN-NC-SA 标准主要研究算力网络控制的信令架构；Y.SAN 标准主要研究服务感知网络的需求与架构，通过实时感知用户、服务需求、资源和服务状态，提供端到端的网络调度和差异化服务；《CCSA 算力网络控制器技术要求》针对集中式方案制定控制器标准，《算力网络路由协议要求》针对分布式方案研究如何扩展 IP 从而实现全网信息的收集。《算力网络算力路由协议技术要求：OSPF 协议扩展》《算力网络算力路由协议技术要求：边界网关协议（BGP）扩展》进一步规范了算力路由技术。

3）算力网络服务层的相关标准

在算力网络服务层，ITU-T 的 Q.CPN-TP-SA 标准、《CCSA 算力网络交易平台技术要求》设计了算力网络交易平台的整体架构，从而支持算力消费方与算力提供方之间的交易。《CCSA 算力网络交易平台接口技术要求》制定了算力网络各方与交易平台对接的要求。

4）算力网络编排管理层的相关标准

在算力网络编排管理层，ITU-T Y.NGNe-O-CPN-reqts 标准主要研究算力网络的 NGNe 编排增强要求和框架；Q.SASO、Q.4140、Q.CSO 标准主要研究算力网络服务编排的信令架构；M.rcpnm 标准研究算力网络的管理需求；Y.SFO 标准提供基于服务功能链（Service Function Chain，SFC）的服务功能编排场景，实现业务功能的资源优化和负载均衡；Q.CPNP 标准通过监控算力网络资源层、控制层和服务层的参数，确保网络运行的可靠性和安全性。

此外，ITU-T 的 Y.CPN-exp-reqts 标准向算力消费方、算力提供方、网络运营商提出了算力网络服务层、控制层和编排管理层的能力开放需求；Y.IMT2020-CNC-req 标准分析了算网协同在"IMT 2020 及演进"中的需求；Y.IMT2020-QoS-CNC-req、Y.M&O-CNC-fra 标准分别制定了算网协同在"IMT-2020 及演进"中的 QoS 保障和管理编排的相关要求与框架。

后续围绕 Y.2501，网络运营商将持续推进算力网络领域的标准化工作，打造算力网络技术体系的完整拼图。

2.4.2 基于 ITU-T Y.2501 算力网络资源层的关键技术

1. 算力标识技术

算力标识（Computing Resource Identifier，CRID）技术是对计算资源进行唯一标识和分类的技术。为每个计算资源分配唯一的标识符，可以方便地对资源进行管理和调度。算力标识可以基于硬件信息、网络地址或其他属性来标识。其中，硬件信息包括处理器类型、内存容量和存储容量等；网络地址可以是 IP 地址或其他网络标识。算力标识的主要目的是使资源的调度和分配更加精确、高效。根据计算资源的不同属性，通过标识的方式对其进行分类，可以更好地满足用户的需求。

算力标识作为算力资源在算力网络中的唯一标识，独立于网络中各类资源与用户变化。算力网络通过唯一的算力标识可以对网络中多级泛在、异构的算力资源进行管理与整合。同时,算力标识体系将根据算力资源的通信地址,结合算力资源的网络属性(时延)与计算属性(算力特征与计算能力)为算力资源使用者更加快速、准确地匹配最佳算力节点。需要注意的是,网络中的算力资源在获取 CRID 前需要进行注册与鉴权,以确保算力资源的合法性和算力交易的安全性与可追溯性[13]。

目前,算力标识可以分为算力资源标识和算力服务标识两种。算力资源标识是算力网络平台执行算网资源协同调度的主要参数。算力资源标识面向算力的运维和交易,无法用于业务流量的路由导引,只能用于算力资源使用方执行资源交付和交易计费、算力资源提供方执行资源接纳注册、算力资源平台运营方调度和管理。

算力服务标识是业务流量的导引和路由依据,并且作为算力和网络资源的索引加载在网络的控制面与转发面,形成逻辑上的算力服务功能子层,使能数据网络对算力的感知和路由。从网络层级来看,应用层(L7)的服务标识语义可以更加灵活多样,可纳入多维算力服务参数,如服务提供方、服务驻点位置、服务资源属性、服务类型等。考虑到网络设备处理负荷和开销,网络路由层(L3)的服务标识应该尽可能轻量级,如仅标识全局语义的服务类型,其他属性参数由控制面关联维护。

2. 算力度量技术

算力度量技术是对计算资源和网络资源的计算能力进行度量与评估,以实现高效的算力利用和任务处理,提供方便的跨厂商互通能力、算力资源协同管控能力的技术。算力度量是算力网络运转的第一步,如果不能实现对算力资源的度量,就无法进行整网算力资源的信息收集、分配与交易。在进行算力度量时,最理想的情况是使算力像电力一样拥有统一的计量单位。但事实上,由于算力自身具有复杂的属性,其很难像电力一样用"千瓦·时"(kW·h,常简称"度")这样的单位简单地进行量化,尤其是考虑到 CPU、GPU、FPGA、ASIC 等不同的芯片类型,更加难以对算力进行统一的衡量。因此,需要在标准规范的基础上,量化异构算力资源和多样化的业务需求，建立统一的描述语言，赋予算力资源可度量、可计费的标准单位。

目前根据应用场景的不同，可以将算力分为逻辑运算能力、并行计算能力和神经网络计算能力。逻辑运算能力的代表芯片是 CPU，此类计算能力通常用于处理前后计算步骤具有逻辑关系的计算，其常用的度量单位是 TOPS[①][14]。并行计算能力的代表芯片是 GPU，此类计算能力适用于前后计算步骤相互独立的场景，其常用的度量单位是 FLOPS，如 TFLOPS、MFLOPS、GFLOPS 等。随着人工智能的发展，又出现了以张量处理单元、神经网络处理器为代表的神经网络计算能力芯片。该类芯片经过专门的深度机器学习训练，具有更高的效能（每瓦计算能力），其目前常用的度量单位也是 FLOPS。

针对不同的场景，不同的芯片能够发挥不同的能力，采用同一个单位衡量不同芯片的能力显然不够全面，这也是算力度量的难点所在。依据部署的规模和位置，算力资源可以分为云计算、边缘计算和端计算，不同的算力资源规模直接影响算力的单价，从而对算力整体价值的评判产生一定的影响。目前，业界尚未有统一的算力度量单位，尤其是异构算力资源（如通算、智算与超算）之间很难使用统一的单位进行度量。

3.　确定性网络技术

确定性网络技术是在以太网的基础上为业务提供端到端确定性服务质量保障的新技术。传统的以太网通常采用"尽力而为"的传输方式，这意味着数据包在传输过程中可能会受到延迟和抖动的影响。在一些对实时性要求极高的应用场景中，这种不确定性是无法被接受的，因为它可能导致数据传输的时序错乱和丢失。对此，可以引入确定性网络技术来确保数据传输的可靠性和预测性。

网络运营商可提供确定性网络服务，即通过一系列确定性网络技术的结合（如灵活以太网、时间敏感网、确定网、确定性 IP 技术、确定性 Wi-Fi、5G 确定性网络等），保证端到端网络通信服务的质量（如确定性时延、确定性抖动和

---

① TOPS的英文全称是Tera Operations Per Second，即（处理器）每秒可进行亿万次操作。

确定性丢包率、确定性带宽、确定性可靠性等），满足网络运营商未来新兴业务场景对高质量通信的需求。其中，确定性时延主要通过时钟同步、频率同步、调度整形、资源预留等机制实现；确定性抖动和确定性丢包率通过优先级划分、抖动消减、缓冲吸收等机制实现；确定性带宽通过网络切片和边缘计算等技术实现；确定性可靠性通过多路复用、包复制与消除、冗余备份等技术实现。在确定性带宽保障方面，FlexE 在物理层和链路层之间插入中间层，实现业务速率和物理通道速率的解耦，通过灵活的物理接口捆绑和逻辑接口划分，提供子速率承载、硬管道及隔离等机制。

确定性网络技术是构建下一代网络基础设施体系、提升数据传输服务质量的关键技术之一。确定性网络场景和技术标准的研制历经多年，现阶段技术标准已经相对成熟，但是种类繁多，且适用的场景各有不同，需要根据不同场景的业务采用不同的技术，同时兼顾部署成本。

2.4.3 基于 ITU-T Y.2501 算力网络控制层的关键技术

1. 算力感知技术

在对算力进行统一度量和标识的基础上，算力感知通过捕捉业务算力需求信息和算力资源信息，为算力网络编排、调度提供基础，实现资源配置的最优化。2021 年，中国移动联合华为发布了《算力感知网络技术白皮书》，提出了一种基于分布式系统的计算网络融合新架构——算力感知网络（Computing Aware Networking，CAN），旨在实现用户体验、资源利用率、网络效率的最优化[15]。

算力感知是网络对算力资源和算力服务的业务需求、部署位置、实时状态的全面感知。算力感知有网络弱感知和网络强感知两条技术路线。网络弱感知是由用户通过平台主动输入资源需求；网络强感知是由网络结合 AI 技术预判业务需求，资源池主动上报资源信息到算力网关。目前这两条技术路线都处在不断发展的过程中。针对用户需求的感知，初期可以采用用户意图驱动的方式主动提供资源需求信息。后期随着人工智能算法的成熟，可以使用流量预测模型结合 AI 深度神经算法的方式，从资源需求、资源消耗等方面进行预测，实现资源预配，加快资源部署速度，提高资源整体利用率。

目前，网络无法有效、精细地感知用户/应用以提供有效的差分服务。算力感知通过感知网络与用户/应用（如 VR/AR、V2X[①]和 AI 等）的信息交互，了解算力和网络的实时状态，向算力网络提出自身的算力和网络接入请求，实现算力服务的按需提供、灵活调度。算力感知的"感知"包括对应用需求信息和多维资源的感知，其中应用需求信息包括网络需求信息和算力需求信息。网络需求信息是指带宽、时延、抖动、丢包率等；算力需求信息可以是算力类型、算力属性、算力需求量等。通过对应用需求的感知，算力路由技术可以将这些信息作为约束条件，为后续路由调度策略的生成提供依据。

多维资源的感知是实现动态、按需资源调度的前提。多维资源主要包括网络资源、算力资源、存储资源等物理资源及各类算力服务。不同的网络节点将自身部署的算力资源信息、算力服务状态信息通过数据中心网关上报至各自就近的网络节点，实现网络对多维资源的感知。就近的网络节点将接收的算力信息进行汇聚后，选择性地通告至网络中，实现网络对全网算力信息的感知。上报的算力信息包括算力资源类型、算力资源状态、算力服务标识、算力服务状态等，就近的网络节点将收到的算力信息进行聚合后存储在本地。基于多维资源的感知信息，算力路由将生成网络、计算等新型多维路由，实现算力感知的业务调度。

2. 算力路由技术

算力路由技术基于对网络、计算、存储等多维资源和服务的状态感知，将感知的算力信息进行全网通告，通过"算力+网络"的多因子联合计算，按需动态生成业务调度策略，将应用请求沿最优路径调度至网络节点，提高算力和网络资源的效率，保障用户体验。算力路由技术在以往单一网络寻址的基础上，叠加算力信息进行联合路由，改变了传统互联网的路由方式，是对"IP 细腰"传统模型的重要创新。

算力路由可以分为两种，即基于算力服务语义的路由和算网一体融合路由。

---

① V2X的英文全称是Vehicle to X，即车用无线通信技术。

1）基于算力服务语义的路由

传统 IP 路由机制从本质上解决了基于目的 IP 地址的"去哪里"问题，算力路由则需要在此基础上叠加"做什么"，即算力服务，两者融合构成算力路由，这需要在 IP 体系中引入算力服务标识的全新语义表达。这里的算力服务标识封装方案有多种，既可以重用目的 IP 地址，在目的选项报头（Destination Options Header，DOH）、逐跳选项头（Hop-by-Hop Options Header，HBH）和段路由头（Segment Routing Header，SRH）等 IPv6 扩展头中扩展封装，也可以单独定义专门的算力服务标识转发头，并结合控制面算力服务路由表执行算力路由。

2）算网一体融合路由

算网一体融合路由是在网络层增强对算力的感知和路由功能，其中一个显著的增量特征是可以将传统模式下先分离的算网策略融合在统一的路由策略中。在算网一体融合路由策略中，既有基于算力服务标识的算力资源维度路由，也有传统的网络资源维度路由，两者总体上是解耦叠加的关系。但是，从端到端路由策略的视角看，算力和网络的路由策略均可以在新的算力路由转发面统一执行，如基于 SRv6 的算网路由技术。

对应于传统网络路由的实现方式，算力路由也有多种方案，如集中式方案、分布式方案和混合式方案等。其中，混合式方案支持多方异构资源接入，且对单一设备压力小，是现阶段的优选方案。

2.4.4　基于 ITU-T Y.2501 算力网络服务层的关键技术

算力网络服务层通过集成算力交易和高通量计算等关键技术，构建了一个高效、灵活、可扩展的计算服务平台，为用户和社会各行各业提供了强大的计算能力与更加便捷的服务。其中，高通量计算（High Throughput Computing，HPC）指能够处理大量计算任务的计算系统。这类系统通常具有强大的处理能力和较高的数据吞吐率，能够在短时间内完成大量的计算作业。在算力网络服务层，高通量计算为需要大规模计算资源的用户提供了支撑，广泛应用于科学研究、大数据分析等领域。

算力交易技术将算力提供方的各类算力资源按需提供给算力消费方，包括接入算力提供方资源、解析算力消费方的资源需求、提供可视化的交易视图、订单管理等功能。算力网络交易平台撮合算力提供方和算力消费方的交易，具有以下几个功能。

（1）将算力提供方、算力消费方和算力网络控制层连接起来，满足算力消费方提出的资源或业务需求。算力网络交易平台制定分配策略，算力网络控制层则根据分配策略建立算力消费方与算力提供方之间的连接，实现一体化服务。

（2）由于算力消费方的资源与业务需求不同，算力网络交易平台应具备对用户业务需求进行 AI 分析的能力，以提供更加智能的服务，满足不同用户对算力网络交易平台的使用需求。

（3）提供可供应用开发者上传第三方应用的应用商店，实现从资源到应用的全生态服务。

不同于单一的水、电、煤等生活物品的计价和供给模式，不同的应用场景对算力的需求不同，有必要将市场需求场景和企业自身的发展路径相结合，设计出可持续发展的算力交易模式。总体来讲，算力交易模式有两种：第一种是以自有算力经营为主的平台型算力交易模式；第二种是基于区块链智能合约的共享算力交易模式，其可以全自动动态适配算力需求。

1. 平台型算力交易模式

数字经济的飞速发展使算力成为关键资源，算力需求逐渐增加。如图 2-3 所示，网络运营商利用自己的网络优势建设统一算力交易平台，为算力提供方和算力消费方提供算力接入、算力分发服务并收取服务费，这是网络运营商实现可持续发展的必由之路。网络运营商可以建立一套完整的算力评估体系，包括算力类型、算力大小、算力的有效时间、算力成本、匹配的算法应用与存储空间、安全策略等。网络运营商还可以提供与之配套的接入网络，并评估算力接入的最低价格（类似上网电价，因为网络运营商要承担网络开销和维护成本）。网络运营商统筹算力资源（包括第三方算力和自有算力），并将其纳入算力销售体系统一结算。

2. 基于区块链智能合约的共享算力交易模式

得益于区块链技术的不断迭代，基于区块链的智能合约（Smart Contract）的使用正在快速增长。如图 2-4 所示，用户根据计算类型、算法类型、时延要求封装任务。智能合约包含一系列交易双方约定的交换行为，并设置了合约自动执行的条件，结合封装的算力和发布的任务，为算力提供方和算力消费方提供算力交易。日前智能合约的主流编程语言是 Solidity，它是以太坊（Ethcrcum）开发的面向合约的高级编程语言，语法类似 JavaScript。智能合约运行在以太坊虚拟机（Ethereum Virtual Machine，EVM）中。智能合约不需要建立交易双方的信任机制，极大地降低了管理成本。智能合约通过设置合适的结果验证机制和仲裁机制，确保计算结果的时效性和正确性。据估计，智能手机、个人电脑、智能汽车等拥有计算资源的终端设备约有 70%的时间处于空闲状态。利用区块链与智能合约技术，可以将符合要求的各类算力资源低成本地接入算力平台，从而盘活海量沉淀在端侧的算力资源。对大量允许分布式计算、对时延不敏感的计算需求来说，这种方式能极大地降低计算成本。

图 2-3　统一算力交易平台

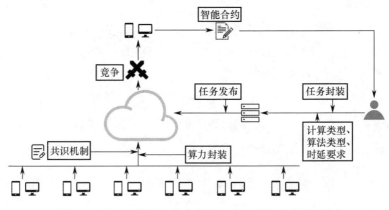

图 2-4　基于区块链智能合约的去中心化算力交易平台

2.4.5　基于 ITU-T Y.2501 算力网络编排管理层的关键技术

1. 算网编排技术

算力网络编排（以下简称"算网编排"）技术用于解决多维资源的联合优化问题，根据不同用户的资源或业务需求，对异构的算力资源和网络资源进行统一纳管、整合、编排，从全局视角进行最优的资源选择与策略分配，从而实现资源的灵活调度和弹性释放，满足不同计算场景对带宽、时延、算力等的需求，为客户提供随需可调、场景多样、质量感知的云网边一体化算力服务。算网编排技术主要具有以下几个功能。

（1）算力需求分析。分析用户业务需求，根据不同的场景将用户需求转换为不同的算力需求，利用 AI 技术预测算力需求等级。

（2）算网编排。根据资源需求分析的结果，算网编排技术将一些多样化、复杂度高的算力任务分解成简化、复杂度低的算力任务，综合考虑计算、存储、网络（如带宽、时延、抖动）等算网因素，以及数据流动、用户位置等环境因素，进行一体化编排，统一各方因素的策略调度。同时，算网编排技术将 AI、大数据、安全等要素与算力要素、网络要素进行灵活组合及统一编排/封装，寻求算网资源的最优匹配，制定资源分配策略和网络调度策略。

（3）资源分配。根据资源分配策略通告各资源节点预留资源，更新资源信息数据；为用户分配相应的计算、存储、网络资源，并根据业务需求变化弹性调整。

（4）网络连接调度。根据网络资源分配情况获取网络连接需求。例如，明确在哪些节点之间需要建立多大规模的网络连接，以及提供什么样的服务质量保障。按照这些业务需求，依托网络控制组件完成算网资源调度，将业务流量路由到最优的资源节点，实现跨域网络互通，提升用户体验和网络效率，将算力和网络以一体化的形态对外提供。值得注意的是，这里的网络连接不只是传统的通道建立，也可能根据业务需求部署相应的网元，如 5G 用户面功能（User Plane Function，UPF）、虚拟宽带远程接入服务器（Virtual Broadband Remote Access Server， vBRAS)、虚拟客户端设备（Virtual Customer Premises Equipment，vCPE）等接入控制网元。

智能调度支持多接口协议的全网协同算力网络服务，可以随时随地针对特定流、IP 地址段等提供精细化调度编排，实现云内外网络资源融合。

此外，算网编排技术还支持对设备的算力性能进行监控，通过多种类型的算力信息采集和上报策略配置，实时选择最优算力节点，并在节点出现故障时予以修复。

2．算力调度技术

算力调度技术是一种通过对不同业务的算力资源和算力需求进行匹配，使用合理的算力处理相应的数据的技术。算力调度是高效利用算力资源的关键，它可以实现算力的需求和供给之间的平衡。目前业界对算力调度的研究主要集中在 4 个方面：跨区域算力调度、闲置算力调度、超算算力调度和边缘算力调度[16]。

1）跨区域算力调度

跨区域算力调度以算网大脑作为算力网络的核心系统，构建分层分域管理的算网架构。分层算网大脑架构在总部部署总部中心算网大脑，分布式控制调配全网算力资源；在省内部署区域中心算网大脑，实现区域的集中控制、本地优先。总部中心算网大脑与区域中心算网大脑通过专用网络实现算力协同，共同构成覆盖全国的超级分布式算网大脑。

算网大脑首先基于开放资源矩阵进行算网地图建模，然后根据资源利用率、成本、能耗等多个目标进行求解，得到最终优选的算力和网络，并建立网络路径和流量引流，最终达到算网资源双均衡的效果。

2）闲置算力调度

闲置算力调度分为单体架构统一调度、两级调度和共享状态调度 3 种。

（1）单体架构统一调度。单体架构统一调度指利用单一的调度器，通过集群状态信息进行统一的资源和任务调度。许多调度系统最初都被设计为单体架构统一调度方式，但该方式一致性强，扩展性较差，当集群规模扩大时，可用性和处理能力会随之下降。

（2）两级调度。两级调度通过资源动态划分，使用中央协调器来确定每个子集群可以分配的资源。但每个子调度器不具备全局资源视图，可能造成资源使用量不均衡等问题。

（3）共享状态调度。共享状态调度指调度系统同时存在多个调度器，调度器共享全局资源视图。但共享状态调度采用乐观锁机制，调度冲突概率较大。

3）超算算力调度

超算算力调度主要用于解决多资源匹配问题，通过调度超算的带宽、CPU/GPU、软件资源，满足用户对计算功能、时延、带宽等的需求。

4）边缘算力调度

边缘算力调度是基于云原生的资源调度机制，其采用轻量化、多集群的分级边缘资源调度方案进行算力资源的调度，主要应用于对时延、带宽和安全性敏感的业务。

在技术方面，对于算力网络架构，现有调度方案主要采用基于云原生的资源调度机制来实现轻量化、多集群的分级。其中，资源调度和管理平台使用以 Kubernetes 为主的容器云实现资源调度编排与统一管理。在算法方面，一类算法是基于业务模型和用户规模的双因子估算；另一类算法是把终端设备和边缘计算设备绑定在一起。但这两种算法无法满足具有短周期算力需求场景的估算要求，且算力得不到灵活分配和调度，导致高级别的业务算力需求得不到充分满足，同时低级别的业务算力需求不足造成算力浪费。

第3章
算力网络应用场景

在大数据、人工智能等技术快速发展的背景下，算力网络将改变算力的供给、应用和服务方式，能够有效提升算网服务的灵活性和高效性。算网一体的深度融合可以助力全行业实现数字化转型，提供网随算动、云网边端、可信共享等多种新服务方式，提升面向社会、行业和生活类的业务场景体验，同时构筑未来新型应用场景，赋能千行百业。本章将算力网络的应用场景分为3个层面，重点围绕算力网络面向社会、行业和生活的典型应用场景与服务能力进行介绍，为后续算力网络的具体实践提供场景建议，以适应未来多样化的业务场景。

3.1 面向社会的应用场景

在国家政策、技术发展的双重驱动下，算力网络的发展已经渗透到社会的方方面面，可提供基于数据、计算、智能、绿色、网络融合发展的新型共享服务模式，广泛服务于"东数西算"、大科学计算、数字化政府、平台型算力共享等社会场景，提供安全可信的服务保障，加速驱动产业数字化转型。

3.1.1 "东数西算"工程应用场景

当前，我国数字经济蓬勃发展，各行业数字化转型升级步伐逐渐加快，全社会数据总量呈爆发式增长，数据资源存储、计算和应用需求大幅提升，但我国数据中心发展模式仍显粗放。受经济、政治、自然条件等多种因素的影响，我国数据中心及其上部署的算力设施整体布局并不均衡，数据、算力集中在经济发达地区，但这些地区能耗指标紧张、电力成本高，大规模发展数据中心的难度和局限性大；部分西部地区可再生能源丰富，气候适宜，但网络带宽小、跨省数据传输费用高等，造成西部数据中心利用率偏低。这就导致了"东边挤破头，西边利用低"的局面。东部与西部布局失衡、算力配置分散、数据流通遇阻等问题在一定程度上掣肘了数字经济的发展速度。这种供需矛盾让算力网络变得更加必要和迫切。

为推动数字经济和社会智能发展，国家发展改革委、中央网信办、工业和信息化部、国家能源局联合印发通知，同意在京津冀、长三角、粤港澳大湾区、成渝、内蒙古、贵州、甘肃、宁夏等地启动建设全国一体化算力网络国家枢纽节点（以下简称"国家枢纽节点"）。国家枢纽节点的部署和"东数西算"工程的推进，将加强区域协同联动，推进热点区域与中西部地区、一线城市与周边地区的数据中心协调发展，通过算力网络提高我国数据跨区域算力调度能力，将东部的算力需求有序引导到西部，优化数据中心建设布局，促进东西部协同联动，实现算力跨区域调度，整体提高国家算力资源的使用效率。

京津冀、长三角、粤港澳大湾区、成渝4个节点服务于重大区域发展战略实施的需求，将进一步统筹好城市内部和周边区域的数据中心布局。贵州、内蒙古、甘肃、宁夏4个节点将打造面向全国的非实时性算力保障基地，积极承接全国范围内的后台加工、离线分析、存储备份等非实时算力服务，并承担本地实时性算力处理任务。

带宽和时延是信息传输的两个关键指标，受限于物理规律，无论网络带宽多大，传输速度多快，传输时延都是客观存在的。因此，在"东数西算"工程中，灾害预警、远程医疗、自动驾驶等需要被计算节点频繁访问、对网络时延要求高的实时在线类"热数据"计算不适合"西算"；离线分析、后台加工、存储备份等离线类访问频率低、对网络时延要求不高及介于"冷数据""热数据"之间的"温数据"计算更适合"西算"。"东数西算"对网络时延的限制使其不适用于时效紧迫型数据应用，但是"东数西存""东数西渲""东数西训"及未来的"东云西库"等对存力、算力要求高，但对数据实效性要求不高的应用场景，将成为"东数西算"未来应用的重要支点[17]。

从应用需求的数据来看,5%～10%的应用使用的是业务时延需求为 10 ms 以内(低时延)的"热数据",这些应用应在本地或进场部署;65%～70%的应用使用的是业务时延需求为 10～30 ms 的"温数据",这些应用对时延相对敏感,可以部署在区域或城市及其周边位置;20%～30%的应用使用的是业务时延超过 30 ms、对时延不敏感的"冷数据"。"东数西算"工程的部署将推动"东数西存""东数西训"等场景的落地应用,同时将对实时性要求不高的业务(如文档云、掌上保险、开发测试等)部署在西部节点,促进数据中心集约化、集群化发展。

在"东数西算"工程中,算力是中心,网络是根基,网络是连接用户、数据和算力的桥梁,算力网络将成为"东数西算"工程中的重要环节。

"东数西算"工程将推动打造一批能实现算力高质量供给、数据高效率流通的大数据发展"高地"。跨网、跨地区、跨企业的算力高效调度需要智能、感知、灵活、确定的算力网络作为支撑。

面向"东数西算"场景的算力网络方案如图 3-1 所示。该方案在东、西部 8 个国家枢纽节点之间构建多条东西向算力大通道,作为全国一体化算力网络的"主动脉",支持全国数据中心由东向西有序转移、互联互通,形成东、西部算力"大循环"。通过算力分类引导,推动背景类、交互类/流类重点业务场景由东向西转移,典型业务包括人工智能模型训练、数据存储备份、异地灾备、VR/AR 渲染、电子邮件、互联网文旅服务、数字教育平台等。

高速智能网络将基于 AI 的智能运维能力,实现网络主动感知、智能诊断、自愈闭环;基于"IPv6+"的应用感知能力,面向业务实现应用感知,提供网络差异化服务和调度,即时调用;采用 SRv6 智能选路等技术,一跳实现入云和云间连接,网络可编程,实现业务灵活调度;通过切片技术实现层次化切片,业务隔离,服务等级协议保障,提供确定性业务体验,保障用户的上云体验。

"东数西算"工程将推进东、西部地区网络架构和流量疏导路径的优化,基于一体化算力调度平台建设,实现云、边、端高速互联。国家枢纽节点之间的定向高速互联将降低国家枢纽节点之间的网络时延,满足跨区域的数据交互需求,满足高频实时交互业务的需求。

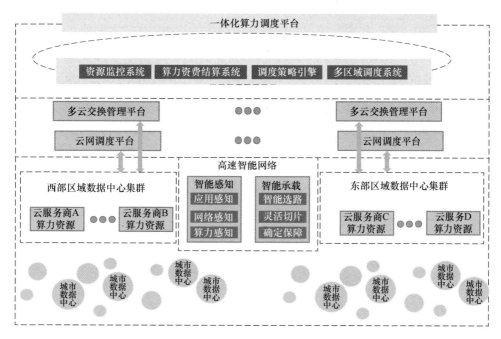

图 3-1 面向 "东数西算" 场景的算力网络方案

基于 8 个国家枢纽节点的部署,建设和优化国家枢纽节点集群之间、节点区域内集群和主要城市之间的数据中心直连网络。对于东部具有 1 个以上集群的枢纽节点,还将优化提升枢纽节点内多个集群之间的网络组织。在网络质量方面,将重点提升网络带宽、网络时延、网络可靠性等性能,并考虑高品质业务传输质量需求。算网一体化可以有效提高资源利用率,减少网络资源和计算资源的浪费,降低整体能耗,助力 "东数西算" 战略落地。

3.1.2 大科学计算应用场景

随着科技的不断发展,大科学计算成为科学领域的一个重要组成部分。大科学计算涵盖很多领域,如计算机科学、数学、物理、天文学等。大科学计算应用是运行在高性能计算机上的主要应用,所需的计算资源非常多,传统的计算机无法满足这一需求,需要建设大型计算基础设施,如超算中心、智算中心、通算中心等。

随着科学研究方式的演进及大数据和人工智能技术的兴起,科学计算应用与体系结构日益复杂，科学计算应用的实际运行性能与期望性能之间的差距日益扩大。大规模、大参数量的预训练模型不断提高人工智能模型的认知能力，所需的算力也从 PFLOPS 级别增加到 EFLOPS 级别，而后又进入 10 EFLOPS 级别，对计算中心的算力需求持续攀升。例如，Chat GPT-3 模型的参数达到 1750 亿个，即使使用 EFLOPS 级别的算力也需要 3 天以上才能完整地训练一次。同时，超大规模的批处理、自动模型结构搜索等新方法的涌现导致计算需求持续增加。根据华为《智能世界 2030》白皮书的预测，2030 年，AI 计算（FP16）总量将达 105 ZFLOPS，同比 2020 年增加 500 倍[18]。

大科学计算需要使用大规模高质量的数据集，并对海量实验数据进行快速的计算和处理：一方面需要加强人工智能计算中心建设，有效解决前沿人工智能共性研究和超大模型发展的算力供需矛盾；另一方面需要数据集等 AI 要素进一步流动和共享。需要在各地计算中心之间建设技术统一、方便流动的网络平台和机制。利用网络平台上统一的人工智能数据集标准、应用接口标准等，可以方便地将各地分散的数据集和应用算法等接入网络平台[18]。

为解决上述问题，需要使用一个高效的算力网络将闲散的算力（如云计算、边缘计算等）调度起来，以弥补大型科学装置的算力缺口，确保任务的顺利完成[19]。算力网络提供多个大规模算力节点之间的组网，在大规模算力节点之间构建一个高速、稳定的骨干网络，以大科学装置群的方式实现算力节点之间的资源互联互通，基于高效的调度算法提供大规模算力资源和能力统一管理、弹性调度和多样化服务。这对于提高我国大科学计算整体竞争力、推动经济发展、提升国家安全保障具有极其重要的意义。

算力网络部署可以分为接入侧网络、内部网络和互联侧网络。

（1）接入侧网络。目前用户大多通过互联网接入大规模算力节点，少量租用网络运营商专线，个别情况下采用硬盘拷贝的方式传递非实时数据。未来可以利用算力网络等技术，实现超算、云、边等多级算力资源与网络资源的协同调度。

（2）内部网络。大规模算力节点内部建设有专门的超高速专用互联网络，能够根据大规模并行计算对数据传送、文件存储等的要求，采用专用技术提高网络能力。

（3）互联侧网络。当前大规模算力节点以独立运营为主，大部分只有一个物理节点，用户无法在不同的大规模算力节点之间调度资源。可以建设一张覆盖大规模核心算力节点的互联网络，实现大规模算力资源的共享与灵活调度。

3.2 面向行业的应用场景

当前，算力网络正从互联网行业向交通管理、工业制造、金融服务、政务服务等传统行业加速渗透，应用场景也从通用场景拓展到行业特定场景。算力网络深度融合人工智能、物联网、5G、边缘计算、数字孪生等技术要素，全面助力行业数字化转型，应用场景有工业制造、智慧城市、智慧交通、智慧医疗、车联网等。

3.2.1 工业制造应用场景

如今，以数据为新型生产要素的产业发展势态低开高走，尤其是在工业制造领域，生产数据体量日益增大，对数据进行高效便捷处理的诉求越发明显。数字经济与产业数字化转型需要引入更优质的网络连接和更强的算力以满足超大带宽、超低时延、超高安全等工业制造业务的需求。算力网络推动"算力+"工业互联网的融合共生，一方面，可以使工业互联网和算力相关产业相互促进、协同发展；另一方面，算力作为工业互联网领域新的动力引擎，可以实现更便捷高效的工业制造再升级[20]。工业特殊场景需求如表 3-1 所示。

表 3-1 工业特殊场景需求[21]

工业场景		可靠性/（%）	时延/ms	连接数/个
移动机器人	机器人运动控制	99.999999	<1	—
	机器人协同控制	99.9999	1	100
运动控制	印刷机	99.9999	<2	>100
	机床	99.9999	<0.5	20
	封装机	99.9999	<1	50

在工业内网，算力网络可以对边缘云、网关、可编程逻辑控制器（Programmable Logic Controller，PLC）等异构算力节点进行编排管理。不同形态的设备在工业网

络中所处的位置不同，所包含的芯片种类及计算和存储能力不同，相应负责的业务也有所差异。同一类业务中的不同任务可以分别在对应的计算节点执行。例如，在边缘智能场景中，可以通过算力网络的调度更高效地实现任务的分布式处理，采用云中心集中训练模型，由边缘节点进行推理决策。当任务对应的最近的边缘节点负载较大时，可以将任务实时调度到附近负载较小的边缘节点执行。

在工业外网，算力网络可以对不同园区或不同工厂的云、边缘云等节点进行协同调度。当前云化 PLC、云化网关的发展趋势促使计算节点和功能以虚拟形式部署，增加了节点之间的管理和调度需求。此外，随着虚拟化技术和网络技术的发展，跨工厂、跨园区的远程控制作业和多点协作场景不断涌现。例如，可以利用云化 PLC 进行远程控制作业，利用跨园区的多点 AR/VR 构建虚拟工厂，通过算力网络实现对网络和计算资源的精准调度。

针对互联互通、柔性制造等工业互联网的发展趋势，可以将算力网络应用在工业内网和外网，对异构的算力节点进行编排管理，并通过与工业 SDN、IPv6 协议的结合，实现算力的实时感知调度，满足新型工业视觉、工业控制、工业智能等的高带宽、低时延需求，如图 3-2 所示。

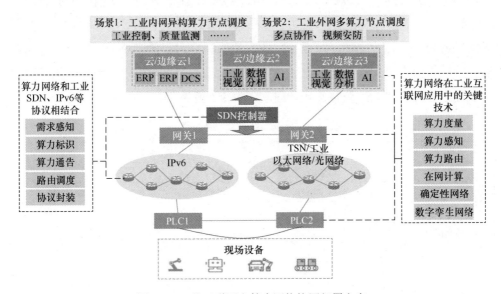

图 3-2 工业互联网和算力网络协同部署方案

算力网络可以有效推动传统刚性、非 IP 化的工业网络向灵活弹性组网、IP 化的趋势发展。结合工业 SDN、IPv6 等技术，算力网络可以通过集中式或分布式的方式实现。

当前工业生产（主要指离散工业生产）基本是刚性生产模式，制造环节的机器、设备、辅助工具等需要按照预先的设定进行互联。未来工业生产大规模定制化的特点要求资源组织更加灵活和智能。工业 SDN 可以实现灵活组网，通过网络资源的动态调整打破工厂内部网络刚性组织的局限，实现生产过程的灵活组织和生产设备的即插即用，适应智能机器自组织和生产线敏捷部署的要求。算力网络与工业 SDN 相结合，可以进一步促进工厂的灵活化生产。增强工业 SDN 控制器，对网络中的计算节点算力信息进行感知和收集，同时结合网络链路的状态信息，选择最合适的计算服务节点和网络转发路径，可以满足新型工业场景的需求，且实现成本较低，易于部署。

工业现场网络基本采用工业总线协议和工业以太网协议，具备很强的专用性和私有性，为互联互通带来了较大困难，协议转换等方式也存在效率和可靠性问题。工业 IP 化指将 IP 协议延伸至工业生产网络，以实现企业办公网络、生产管理网络、过程控制网络和现场网络的端到端 IP 互联，有利于整个工业系统的全面深层次交互。以 PROFINET[①]、Ethernet/IP 等为代表的工业以太网协议支持为现场设备分配 IP 地址，并可以实现 IP 流量与控制信息的共线传送。当前，新一代 IPv6 协议在产业界逐渐得到应用，算力网络可以将 IPv6 协议作为统一的数据平面，利用 IPv6 协议灵活可扩展的特性，通过增强边缘网关/路由器/交换机等设备的功能，实现对算力节点信息的采集；通过 IPv6 协议携带相应的信息，通告给工业现场网络的相关设备，实现分布式算力感知和路由。相较于集中式方案，分布式方案更高效、更实时。

3.2.2 智慧城市应用场景

为了提高城市化质量，缓解"大城市病"，社会各界纷纷献计献策，其中 IBM

---

① PROFINET 由 PROFIBUS 国际组织（PROFIBUS International，PI）推出，是新一代基于工业以太网技术的自动化总线标准。

于 2009 年提出的智慧城市方案得到了广泛认可。时任 IBM 首席执行官彭明盛对智慧城市的解读是，能充分运用信息和通信技术手段，感测、分析、整合城市运行核心系统的各项关键信息，从而对包括民生、环保、公共安全、城市服务、工商业活动在内的各种需求做出智能的响应，为人类创造更美好的城市生活[22]。

在智慧城市发展初期，"平安城市"因与人们的切身利益息息相关而备受关注。

"平安城市"的建设涉及社会的方方面面，如消防、出行、安防、自然灾害预警等，它关系着广大民众的日常生活。例如，在安全出行方面，随着共享经济的兴起，网约车、顺风车成为人们实现便捷出行的首选。但在居民享受经济和便捷出行的同时，大量公共安全事件不断发生。在过去几年，由网约车、顺风车引发的刑事案件频发。受安全事件的影响，各相关公司不得不下线相关业务并进行整改。为了保障司机和乘客的安全，乘客上车后，打车软件会自动开启录音功能，对出行双方产生一定的震慑效果，但这仅能减少语言骚扰。如果想进一步提升出行的安全性，还需要依靠视频技术，并通过人工智能分析当前司机和乘客是否处于安全状态，以及时向相关方发送危险警报。然而，视频技术的使用必将导致大量的带宽需求，按照优步（Uber）2017 年的带宽使用情况（45787 次/min），假设将每次驾乘的视频发送到云端（每次 20 min），每天云端将新增 9.23 PB 视频数据。这无疑会使网络产生严重的拥堵，而按照目前云计算的存储容量，将这些数据全部存储到云计算中心是非常有挑战性的[10]。

城市的安防监控也是"平安城市"非常重要的一部分，它可以实时监测城市的各个角落，以确认道路上是否发生了交通事故、大型集会上是否发生了踩踏事故、某个地方是否出现了正在被追缉的可疑人物等。为了实现对城市的安防监控，需要在城市中部署大量传感器，安装固定 IP 摄像头，配置具有高清摄像头的无人机，对这些设备实时监控的数据进行分析以获得关键信息，再将重要的信息反馈到控制中心。但实际上，大部分前端设备只具备单纯的感知和摄像功能，不具备前置计算能力，需要将数据传输到数据中心进行处理。目前，一个每秒 25 帧的 4K 视频监控一般要求 25 Mbps 的带宽，而且带宽不能有收敛比。若同时应用多个摄像头，则需要高带宽网络的支持。一个城市的所有摄像头每天所产生的数据如果都传输到云端，会给网络带来非常大的压力[23]。

因此，需要引入算力网络，结合边缘计算和云计算，将视频分析与处理服务调度到距感知设备较近的边缘计算平台。IP 摄像头、无人机、传感器等设备采集的数据和图像信息经过通信基站调度到边缘计算平台进行本地分析与预处理，减少对核心网和骨干网带宽资源的占用，同时将传送范围缩小至端到端。AI 训练服务则被调度到云上，依靠云计算强大的计算能力对数据进行训练，得到更准确的训练模型[23]。

智能交通有别于单车智能，其把智慧道路作为交通和驾驶的参与者与决策者。高速运动的车辆对网络时延比较敏感，如 L4/L5 级自动驾驶要求端到端传输和处理时延小于 1 ms。通过图像识别方式获取的单车数据传输速率超过 40 Gbps。很多感知计算和决策都会在车辆上进行，自动驾驶汽车承担了很多复杂的感知和计算任务。

在交通场景下需要考虑车辆的移动范围、车道情况，需要考虑多车的位置差异、相对变化情况，因此需要设定智能交通监控指标参数，如表 3-2 所示。

表 3-2　智能交通监控指标参数[24]

业 务 需 求		评 估 指 标
感知指标	感知范围	1000 m
	角度分辨率	2°
	感知速度分辨率	0.5～1 m/s
	感知距离精度	0.5～1 m
	感知角度精度	0.2°
	感知速度精度	0.5～1 m/s
	探测速度	≥5 km/h
	感知数据刷新率	10～20 Hz
	感知物体数量	100 个
通信质量指标		当各项通信感知业务同时进行时，通信功能不低于 80% 的 5G 网络要求

在智慧城市的智慧交通场景中，通过摄像头、雷达等传感设备获取交通环境中的多维数据，并通过对海量数据的分析学习推理出相应的策略以指导车辆自动行驶、调节交通信号。当前自动驾驶主要依赖车载传感器和车载算力，采集信息的局限性和算力的性能瓶颈限制了驾驶策略的及时性与准确性。因此，为了实现

全场景的准确感知和海量数据的高效处理，需要协同车内、车-车、车-路等多维度通信场景。基于算网一体化能力，算力网络可以将不同时延、不同算力需求的车内、车间、路侧协同等应用分发到云、边、端算力节点，并与车内的算网一体化终端协同，最终形成精准、实时的驾驶策略。

未来，人工智能、物联网、5G 等信息通信新技术将逐渐在各行业实现高度普及，与行业作业各环节深度融合，助力行业的数字化转型。未来的生产方式将发生颠覆式变革，包括从观察生产信息到感知生产信息、从操作性工作到创造性工作。这种变革需要更强大的数据处理能力、更高效的数据传输能力，算力网络将成为行业生产的关键要素。

3.3 面向生活的应用场景

算力网络可以通过极致可靠的网络连接，协同调度云计算、边缘计算、智能终端等多级算力，以更高的算力性能和更低的终端成本实现算力对应用的加持，为用户提供智能化、沉浸式服务内容和体验，如 VR/AR 互动、云游戏、新媒体直播。未来算力网络还可以服务于元宇宙等新型场景，渗透到民众生活的方方面面。

3.3.1 VR/AR 应用场景

VR 是一种可以创建和体验虚拟世界的计算机仿真系统，它利用计算机生成一种模拟环境，是一种多源信息融合的、交互式的三维动态视景和实体行为的系统仿真，使用户沉浸在该环境中。AR 则是一种实时计算摄影机影像的位置及角度并加上相应的图像、视频、3D 模型的技术，这种技术的目标是在屏幕上把虚拟世界套在现实世界里并与之互动。

VR/AR 技术在生活服务方面的应用集中在展示层面，解决了传统服务展示不直观、体验较差的问题。借助 VR/AR 技术沉浸式的体验模式，用户可以享受到身临其境的深度交互体验，从而降低产品的理解和使用门槛，并极大地提高感知与认知水平。

根据国际数据公司（IDC）的预测，到 2026 年，全球 VR/AR 产品出货量将达到 5000 万部，年复合增速为 35.1%。VR/AR、智能穿戴等新兴消费电子终端呈现出快速发展的趋势。随着个人和家庭智能终端的逐渐普及，以终端设备和网络连接为基础，算力网络推动网络朝着更大带宽、更低时延的方向演进，实现更大范围内异构算力的快速连接和释放。通过提供云边端多层次算力的协同供给和极致可靠的网络保障，算力网络可以在连接量、数据量、计算量激增的场景下，满足用户在 VR/AR 体验的交互性、沉浸性、画质等方面提出的更高要求。

在生活场景中，大量终端的服务通过迁移至云端和边端的方式解决终端设备算力限制与高服务体验需求之间的矛盾，如云存储、云手机、云办公等应用，在保证业务服务质量的同时，释放了端侧存储、计算等资源的压力。未来随着 VR、感知、图像处理等强交互技术的成熟，人们可以在虚拟世界中获得社交、娱乐等丰富的沉浸式体验，可以使用全息通信、脑机或电子皮肤等实现超现实的人与人、人与物的交互，打破虚拟和现实之间的边界，颠覆生活方式。为了同时满足人们对终端"轻、薄"的要求及高质量、高可靠的服务体验，需要将重计算任务卸载到边缘计算或云上。

算力网络通过升级云边协同服务，构建云边端多层次、一体化算力网络体系，可以满足上述场景中任务上云的要求，并根据业务中不同任务的差异化需求，将其智能化地匹配到不同层级、不同内核的算力节点，让用户无须关心资源的需求和部署位置。例如，算力网络可以为视频渲染、低时延要求任务自动匹配 GPU 算力和具有高质量网络能力的边侧算力节点。算力网络提供的算网一体服务可以最大限度地简化应用的部署过程，并保障最优服务体验。

3.3.2 元宇宙应用场景设想

元宇宙是基于高科技手段进行创造和连接，与现实空间映射交互形成的虚拟空间，是一种新型社会体系的数字世界。元宇宙被越来越广泛地视作互联网的未来，是重要的数字表现形态与载体。

可以将元宇宙理解为超越宇宙的宇宙，是现实世界之上的宇宙。元宇宙吸纳了信息革命（5G/6G）、互联网革命（Web 3.0）、人工智能革命，以及 VR、AR、间接现实（Mediated Reality，MR），特别是包含游戏引擎在内的 VR 技术革命的成果，向人类展示了构建与传统物理世界平行的全息数字世界的可能性。引发了信息科学、量子科学、数学和生命科学的互动，改变了科学范式；推动了传统的哲学、社会学，甚至人文科学体系的突破；融合了区块链技术，以及非同质化通证（Non-Fungible Token，NFT）等数字金融成果，丰富了数字经济转型的模式[25]。

要打造元宇宙生态，大幅升级现有的云网底层基础设施是关键，而算力网络技术正是承载元宇宙的云网底层基础设施的核心技术，是支撑其他几大技术、使元宇宙运转起来的根本基础。

一方面，元宇宙对算力和算据提出了巨大的需求。谷歌在 2018 年发布了一个轰动一时的生成对抗网络（Generative Adversarial Network，GAN）模型——BigGAN,它一度被冠名为史上最佳生成对抗网络。人们根本无法分辨出由 BigGAN 模型生成的图片到底是真实的照片还是计算机的艺术创作。人们纷纷称赞该模型所使用算法的强大。但在接受媒体采访时，算法的一作表示模型成功的关键不在于算法的改进，而在于算力的进步。据称，训练 BigGAN 模型生成一个 512×512 像素的图像需要使用 512 块谷歌张量处理单元（Tensor Processing Unit，TPU），并且训练时间持续 24~48 h。这是什么概念？如果单纯以训练模型所耗费的电量来计算，像这样训练一次，每块 TPU 将耗费电量 2450~4915 kW·h，大约是一个普通美国家庭半年的用电量。这说明生成对抗网络所需的算力远远超出了普通的深度学习模型。

另一方面，元宇宙要想通过数字技术实现与现实世界的无缝切换，让人们在现实世界和虚拟世界之间穿梭自如，需要致低时延和超大带宽的通信质量。以 VR 设备为例，使用 VR 设备时要消除"纱窗效应"，图像分辨率至少应达到 16K，还需要满足 120 Hz 以上的刷新频率。这意味着每秒至少会产生 15 GB 的数据量。现网实测的 5G 云 VR 业务模型时延达到[31]70 ms，如果想让人们在使用 XR 设备时不产生眩晕感，沉浸式 XR 的端到端时延应小于 20 ms，这需要网络的进一步发展[26]。

有观点认为，元宇宙的最终理想形态对算力资源的需求是近乎无限的。算力网络是支撑元宇宙的重要基石，元宇宙中有海量数据需要传送、处理。元宇宙要想实现海量信息的实时交互和沉浸式体验的提升，需要持续提升通信技术和算力。没有强大算力网络的有力支撑，元宇宙就如同空中楼阁，无法真正实现。

展望元宇宙的未来，"新生产力"算力的重要性不断凸显。相关数据显示，按照元宇宙的构想，所需算力至少要达到目前算力的 10^6 倍。即便如此，元宇宙的未来也无法预知。但是，算力每上一个台阶，都将为元宇宙带来更多可能性。这也是越来越多的企业开始布局元宇宙的原因。根据高德纳咨询公司的预测，到 2026 年，全球 30%的企业机构拥有用于元宇宙的产品和服务[27]。随着通信技术和算力的共同提升，元宇宙的技术门槛将不断降低，从而大幅提升元宇宙的可触达性。

4

第 4 章
基于 ITU-T Y.2501 的算力网络资源层实践

算力资源分布在网络的不同层次、不同地域，以不同的方式供给，同时算力资源分布不均衡，供需关系不对等。因此，算力网络的发展目标是将算力资源与网络资源有机结合，打通算力资源之间、算力资源与算力需求之间的通道，将算力连接成网，实现算力资源共享，为不同类型的用户提供综合算力服务。

为实现算力的智能调度和全局优化，ITU-T Y.2501 定义了算力网络功能架构，它将算力网络架构分为 4 个层次，分别是算力网络资源层、算力网络控制层、算力网络服务层和算力网络编排管理层。

本章将重点介绍算力网络资源层如何对异构算力进行协同调度运营，从而提供一体化的算力资源服务，将泛在分布的异构多样算力资源和繁多、碎片化的软件生态进行有效协同，驱使业务应用在各级算力资源上进行流转运行。利用算力解耦技术，充分调度和利用巨量的算力资源，融合算网一体的有机部分，是实现算力网络资源层实践的关键。

4.1 基于 ITU-T Y.2501 的算力网络资源层概述

算力网络资源层是算力网络提供商和网络运营商提供的资源所在的层。这些资源包括计算资源、网络资源、存储资源及运行在服务器上的已部署服务。在这一层，资源是多种多样的、异构的，使用统一的标识可以实现不同厂商的异构算力资源的统一认证和资源调度。算力网络资源层向算力网络控制层提供算力资源信息、网络资源信息、存储资源信息等，同时接收算力网络控制层和算力网络编排管理层下发的管理与调度指令。

算力网络资源层的技术主要包括算力标识技术、算力度量技术、算力解耦技术和确定性网络技术。算力标识技术用于对计算资源进行唯一标识和分类，以便进行后续的调度和管理；算力度量技术用于反映算力节点的性能；算力解耦技术将计算能力与资源从硬件和操作系统中解耦出来，从而屏蔽算力网络底层的异构性；确定性网络用于确保数据传输的可靠性和预测性。

算力网络资源层通过对算力、网络、存储等基础资源进行接入和纳管，为上层资源的灵活调度提供基础。然而，不同的资源类型具有不同的资源特性，以下将分别进行介绍。

4.1.1　算力呈现异构性

随着科技的不断发展和应用场景的多样化，算力的发展呈现出明显的异构性。根据技术形态的不同，可以将算力分为基础算力、智算算力、超算算力和前沿算力；根据在网络中的位置不同，可以将算力分为中心算力、边缘算力、端算力等。不同类型的算力在计算能力、功耗、并行性等方面都存在较大的区别，且各自擅长处理不同类型的计算任务。从应用场景的角度来看，不同类型的应用场景对算力的需求存在较大差异。基础算力主要基于 CPU 芯片的服务器提供基础通用计算能力，多应用于处理数据密集和通信密集的事务性任务的场景，如电商、游戏、线上办公等场景；智能算力主要基于 GPU、FPGA、ASIC 等芯片的加速计算平台，提供人工智能训练和推理的计算能力，主要满足安防监控、自动驾驶、国防军事等实时响应、低时延或低功耗的业务场景；超算算力主要基于超级计算机等高性能计算集群所提供的计算能力进行科学工程计算，多为天气预报、运算化学、分子模型、天体物理模拟等高精尖科学领域提供极致算力服务；前沿算力（如量子计算）突破了当前以电子作为基本载体的计算方式，兼具超高算力和低功耗两大特性，可以有效地处理大量复杂的、设计有较多变量的数据集，从而加速解决复杂的计算问题。量子计算除了在加速新药开发、加速破解加密算法、加速人工智能发展等方面发挥作用，还可以在某些有特定难度的问题上取代超算算力。算力在硬件和软件上的异构性如图 4-1 所示。

图 4-1　算力在硬件和软件上的异构性

1. 硬件芯片异构

在硬件上，不同类型的算力芯片具有各自独特的架构和特点，这些差异反映了它们在不同应用场景下的优势和局限性。

（1）CPU。CPU 的架构通常基于冯·诺伊曼体系结构，简单的 CPU 包含一个控制单元、一个算术逻辑单元和一组寄存器。CPU 的特点是通用性和灵活性强，能够运行各种软件，处理各种类型的数据，具有高度的单线程性能，能够执行复杂的指令序列。

（2）GPU。GPU 的架构通常基于单指令流多数据流结构，包含大量的处理单元和内存，能够同时处理大量数据。GPU 的特点是高并发性和高吞吐量，能够执行高度并行的计算和图形处理任务。与 CPU 不同，GPU 在执行单个指令时性能通常较低，但在并行处理大量数据时，其性能远超 CPU。

（3）FPGA。FPGA 的架构与其他芯片类型不同，它们通常由可编程逻辑单元和大量的片上随机存取存储器（Random Access Memory，RAM）组成。FPGA 的特点是具有可编程性和高性能，能够根据需要重新编程逻辑来加速特定计算任务的执行。与 ASIC 不同，FPGA 具有更高的灵活性和适应性，但其功耗也相对较高。

（4）ASIC。通常，ASIC 的架构是为特定应用定制的，通常由硬件逻辑电路组成。ASIC 的特点是具有高性能和高功率效率，能够实现高度优化的硬件逻辑来加速特定计算任务的执行。ASIC 通常用于加密货币挖矿、人工智能推理和其他需要大规模计算的任务。

（5）DPU。DPU 是一种专门用于深度学习的处理器，通常包括矩阵加速器、内存控制器、直接内存访问引擎、控制单元和通信接口等组成部分。DPU 芯片与通用的 CPU 和 GPU 相比，具有更高的性能、更低的功耗和更低的时延。同时更加灵活，可以根据不同的深度学习模型进行优化。

2. 软件异构

在软件上，不同的编程语言和计算框架、不同的平台和操作系统可以满足不同算力的需求。由于需要为客户提供海量的应用软件和软件版本以满足各种应用场景的需求，所以计算服务平台在软件上是高度异构的。

（1）编程语言异构。对于编程语言异构，使用 Python 可以快速开发数据分析应用程序的原型，使用 Java 可以构建可扩展的和高性能的企业级应用程序，而使用 C++可以编写符合实时性和资源限制的嵌入式应用程序，所以存在以不同编程语言为基础的应用程序部署在计算服务平台。

（2）计算框架异构。对于计算框架异构，可以使用 TensorFlow 或 PyTorch 等深度学习框架，利用 GPU 或 TPU 提高训练效率；对于需要进行高性能计算的任务，可以使用信息传递接口或 OpenMP 等并行计算框架，利用多核 CPU 或多核 GPU 实现并行计算，以提高计算速度和效率。另外，对于需要进行大规模数据处理的任务，可以使用 Hadoop 或 Spark 等分布式计算框架，利用集群计算资源提高数据处理能力。

（3）操作系统异构。应用程序的运行环境——操作系统，会根据用户和应用程序的需要而改变，如 Linux、Windows Server、UNIX 等操作系统。同时，跨平台的应用程序可以在不同的操作系统上运行，提供更广泛的用户覆盖面，使平台上的软件异构变得更加复杂。

此外，不同编程语言具有不同的数据格式、函数依赖库、应用程序接口（Application Programming Interface，API）。为了解决程序和平台之间可能存在的兼容性问题，平台需要使用接口层或转换层进行数据格式和协议的转换，这也提升了软件的异构性。

算力异构化的出现使计算能力得到了极大的提高，但异构性固有的特点也带来了一些问题。特别是在超算领域，由于计算架构的异构性，需要对不同架构之间的兼容性、通信效率和任务调度进行优化。随着系统规模和任务复杂性的增加，跨架构的任务迁移成为一个巨大的挑战。此外，在智能计算领域，异构性也是一个挑战。由于不同的 AI 算法和 AI 应用对资源的需求不同，如何对不同的算法和应用进行优化以提高计算效率是一个值得探索的问题。

4.1.2　网络资源呈现动态性与不确定性

随着云计算技术的推广和应用，大规模算力网络逐渐形成并不断扩展，连接的网络资源规模巨大且错综复杂，存在动态性与不确定性。

1. 入云网络资源的多样性

入云网络是指面向云计算中心的接入网络，包括企业园区网络、城域网络和广域骨干网络等。不同类型的入云网络各具特点，在网络规模、拓扑结构、设备容量、传输媒介等方面存在差异，导致它们作为网络资源为云计算中心提供的网络服务能力各不相同，整体表现出多样性和异质性。具体而言，企业园区网络使用高速交换机完成局域内互联，具有较低时延和大容量突发数据交互的优势，但端口数量和传输距离受限；城域网络使用大规模核心设备覆盖整个城市，可以提供稳定的高速互联，但长距离链路容量较小；广域骨干网络连接多个城市，镜像备份链路较多，可以提供高可靠性的数据交换，但核心设备高度集中，使网络的可扩展性受限。

2. 云间网络技术实现手段的差异性

云间网络用于连接多个分散的云计算数据中心。云间网络可以采用不同的技术实现方案，如面向 IP 的云间网络和基于软件定义的云间网络，导致不同类型的云间网络性能表现出明显的差异，即异质性特征。面向 IP 的云间网络通过大量的路由器实现数据转发，可以融入现有的网络基础设施，但可扩展性和控制能力较弱；基于软件定义的云间网络采用控制与转发分离的架构，可以实现灵活的网络控制，但也面临管理平面复杂度较高的问题。因此，云间网络的异质性不仅体现在性能差异上，还体现在可管理性的差异上。

3. 网络资源的动态性

网络流量的时间性特点决定了网络资源呈现动态变化的特性。突发流量可能导致某个或某些网络节点在一个时间窗口内存在超负荷状况，但在随后的时段负载又减轻。路由器、交换机或链路的偶发故障也会导致网络资源分布的动态变化。此外，断点续传、网络重传等机制使网络资源时刻发生变化。上述动态机制共同导致了网络资源的动态异质性。

4. 缺乏全局视图导致网络资源状态的不确定性

大规模算力网络跨接省级区域，包含海量网络设备、链路与终端。要在某一确定的时间点完整地掌握这样庞大网络的全局资源状态，非常困难。现有的网络监控与管理机制只能对关键网络设备和链路进行有限的状态采样，很难实现对算力网络全网资源的确定性描述。同时，网络监控机制自身会消耗一定的网络资源，进一步提高了资源状态刻画的不确定性。因此，全局视图的缺乏导致了网络资源状态的不确定性。

4.1.3 存储资源性能差异大

不同存储资源的存储介质和读写方式不同，导致它们的存储容量、读写速度、使用寿命等均存在较大差异。

1. 存储资源的类型与特点

下面介绍典型存储资源的类型与特点。

1）硬盘驱动器

硬盘驱动器（Hard Disk Drive，HDD）也称机械硬盘，是一种机械式存储设备，由一个或多个旋转的磁盘和读写头组成。磁盘中的数据通过磁性方式存储，

读写头在旋转的磁盘上寻找和访问数据。HDD 提供了大容量存储，通常适用于
PC、服务器和数据中心等设备。相对于固态硬盘，HDD 的读写速度较慢，但价格
便宜，适合进行长期大容量数据存储。

2）固态硬盘

固态硬盘（Solid State Drive，SSD）使用闪存存储技术，没有机械部件，因此
读写速度更快，响应时间更短。SSD 提供了更高的数据访问性能，适用于操作系
统安装、应用程序启动和数据处理等对速度要求较高的任务。SSD 的耐用性较好，
更抗冲击和震动，也比较节能，但相对于 HDD 价格较高。

3）光盘

光盘是使用激光技术读写数据的存储介质，包括 CD、DVD 和 Blu-ray 等。光
盘有只读光盘（如 CD-ROM、DVD-ROM 等）和可写光盘（如 CD-R、DVD-R 等）
两种类型。光盘的容量相对较小，适用于数据分发、软件发布、影音存储等任务。

4）内存卡

内存卡是一种用于存储数据的便携式存储设备，常适用于数码相机、智能手机、
平板电脑等设备。内存卡通常使用闪存技术，提供便捷的数据传输和存储功能。

5）闪存驱动器

闪存驱动器也称 U 盘或闪存盘，是一种便携式存储设备，使用闪存技术存储
数据。闪存驱动器小巧轻便，方便携带，可以随时将数据传输到不同的设备上。
闪存驱动器通常用于文件传输、备份、文件共享等。

6）磁带

磁带是一种用于数据备份和归档的大容量存储设备。磁带使用磁性存储介质，
适合数据的长期存储和备份，但读写速度较慢。磁带通常适用于需要长期保存大
量数据的企业级应用。

7）云存储

云存储是一种通过互联网连接到远程服务器的存储服务，提供高可用性和灵

活的数据存储与访问功能。用户可以通过云存储服务将数据上传、下载和共享，可以从任何地点、任何设备访问数据。云存储常用于数据备份、共享、协作、跨设备同步等。

8）网络附加存储

网络附加存储（Network Attached Storage，NAS）是一种专用的存储设备，通过网络连接提供共享存储服务。NAS 通常适用于家庭或小型办公室环境，可以提供便捷的共享存储和数据备份功能。

9）存储区域网络

存储区域网络（Storage Area Network，SAN）是专用的高速网络连接多台服务器和存储设备的存储解决方案。SAN 主要适用于大型企业和数据中心，提供高性能、高可用性的存储服务。

2. 不同存储设备的区别

不同存储设备的区别包括以下几个方面。

1）存储介质类型

不同的存储设备使用不同的存储介质。例如，HDD 使用磁盘来存储数据，SSD 使用闪存存储技术，光盘使用激光技术读写数据，云存储则将数据存储在远程服务器上。

2）访问速度

不同存储设备的访问速度有很大的差异。SSD 通常具有较快的读写速度，HDD 读写速度则相对较慢。光盘的访问速度较慢，云存储的访问速度则受到网络连接的影响。

3）可移植性

不同存储设备的可移植性不同。闪存驱动器和内存卡体积小巧，易于携带和共享数据。HDD 和光盘则体积相对较大，不太适合频繁携带。

4）可靠性和耐用性

不同的存储设备在可靠性和耐用性方面存在差异。SSD 没有机械部件，相比 HDD 更加耐用。光盘和磁带在特定条件下可能更容易损坏。

5）数据存储周期

不同存储设备的数据存储周期不同。闪存驱动器和 HDD 通常可以长期保存数据。光盘和磁带可能会随着时间的推移而退化，导致数据损坏。

6）数据安全性

不同存储设备的数据安全性有差异。云存储通常提供高级的数据加密和安全措施，以确保数据的安全性。某些便携式存储设备可能较易丢失或被盗，导致数据泄露风险增加。

7）存储成本

不同存储设备的成本不同。SSD 通常比 HDD 和光盘更昂贵，云存储的成本则取决于使用量和服务提供商的费用结构。

根据这些区别，需要根据用户任务的特性选择合适的存储设备。例如，对于高速读写和较小体积的存储需求，SSD 和闪存驱动器是不错的选择；对于长期存储大量数据的存储需求，云存储和 HDD 可能更合适。

4.2 算力网络资源层关键技术实现方案

4.2.1 算力标识技术实现方案

算力标识是一种独立且唯一的标识符，用于在算力网络中标识算力资源，不受网络中其他资源和用户变化的影响。借助唯一的算力标识，算力网络能够管理和整合网络中分布在多个层级的、异构的算力资源。此外，算力标识体系将算力资源的通信地址与网络属性（时延）和计算属性（算力特征与计算能力）结合在一起，使算力资源使用者更快速、更准确地匹配到最佳的算力节点。同时，为了保证算力资源的合法性，并确保算力交易的安全性和可追溯性，网络中的算力资源在获取算力标识之前，需要进行注册和身份验证。算力标识在算力网络资源管理和调度中扮演着重要的角色。近年来，研究者们对算力标识进行了广泛的研究，以提升资源管理的准确性和效率。

1. 基于树模型的算力标识[34]

算力资源抽象树从根节点向下逐层为国家域、算力域、算力提供商、产品代码、算力形态、算力模型、算力能力等级。算力资源抽象树的叶子为具体的实例化名称。其中，国家域和算力域为算力位置标识，表明算力资源的国家及其位置属性；算力提供商和产品代码为算力身份标识；算力形态、算力模型、算力能力等级为算力属性标识，表明算力自身的属性信息。上述 3 种标识构成了算力标识体系，可满足算力网络中算网一体化管控的要求，有效支撑算力网络中用户需求匹配的功能。算力标识的树形结构如图 4-2 所示。

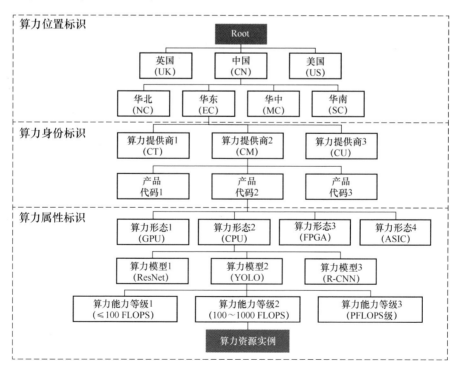

图 4-2　算力标识的树形结构

各标识域层次及名称如表 4-1 所示。加入网络的算力资源可以是已加载具体算力等级的资源，也可以是未运行任何实例的弹性空载资源。算力资源抽象树缺乏相应的层次编码。加载算力标识树形结构中所有属性的算力标识称为完全算力标识，具有空载字段的算力标识称为部分空载算力标识。此种标识方法可以在保证全局唯一性的同时具备一定的可扩展性，即算力标识可以通过一定的扩展机制应对网络中算力资源规模与部署的变化，从而满足算力资源发展的需要。根据节点类型采用从叶子节点到根节点的方式书写算力标识，各层用"."隔开。例如，某个位于北京的天翼云节点，算力形态为GPU，算力能力等级为B（100～1000 FLOPS），算力标识为 B.GPU.0086X.CT.NC.CN。在此算力标识中，CN 代表中国区域，NC 代表华北大区，CT 代表中国电信天翼云，0086X 为产品代码。此算力标识中未包含算力模型字段，表示其暂未运行特定的算力模型。

表 4-1　各标识域层次及名称

标识域层次	标识域名称
国家域	中国（CN）、美国（US）、英国（UK）等
算力域（以中国为例）	华北（NC）、华东（EC）、华中（MC）、华南（SC）、西南（WS）、西北（WN）、东北（EN）
算力提供商	CT、CM、CU、HW、ZTE、ALI、TENCENT 等
产品代码	依据各厂商内部分配规则确定
算力形态	CPU、GPU、FPGA、ASIC 等
算力模型	ResNet、YOLO、R-CNN、SSD、GCN
算力能力等级	A（小于 100 FLOPS）、B（100～1000 FLOPS）、P（PFLOPS 级）、E（EFLOPS 级）

2. 使用 URL 语言的算力标识[34]

算力资源信息的标识是算力网络方案实现的前提。在域名解析方案中，算力标识需要具有可读、可分类、可扩展等特性。为了便于进行算力资源信息的管理，域名解析方案使用统一资源定位符（Uniform Resource Locator，URL）语言将算力、存储等资源划分成标准化单元并进行统一标识。对某一算力资源具体的编码规则为：算力单元名/算力类别/算力属性 1/算力属性 2/算力属性 3 等。其中，算力单元名为该算力单元的具体名称，并且具有唯一性，如天翼云 N；算力类别即算力的类别或单位，根据目前常见的算力分类方法，可以将算力类别分为等效核、每秒执行百万级指令数（Million Instructions Per Second，MIPS）、函数；算力属性包括算力域、服务器及可以提供的算力数量。使用 URL 语言的算力标识示例如图 4-3 所示。URL:tianyicloud N/Core/az1/s1/5 表示天翼云 N 资源可以提供 5 个等效核算力，其中，N 代表算力单元名，即天翼云；Core 代表算力类别为等效核；az1/s1/5 代表该资源位于算力域 az1 服务器 1，可以提供 5 个等效核算力。

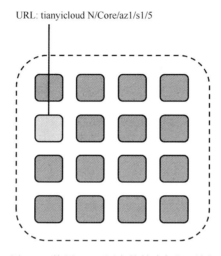

图 4-3　使用 URL 语言的算力标识示例

3. 面向算力资源、算力节点和算力链的算力标识

面向算力资源、算力节点和算力链的算力标识可以实现对分布式算力资源的有效管理与编排。其核心思想是借鉴域名系统（Domain Name System，DNS）解析映射机制，通过算力解析服务器生成算力标识，从而在网络中对算力资源进行注册、管理和定位。

算力资源抽象树采用了类似 DNS 的层次结构，包括算力提供商、算力域、算力类型、算力架构、架构型号和算力模型等层次。这样的层次结构允许按照不同的维度对算力资源进行组织和管理，从根节点到叶子节点提供了丰富的信息。

算力链标识的引入解决了多个算力资源共同完成任务或进行负载均衡时的身份统一标识问题。这在需要综合不同类别的算力资源来提供服务的场景中尤为重要，如自动驾驶、远程驾驶和 XR 交互。算力链标识使用户和目标算力资源路径上的多个算力资源能够协同提供服务，形成同类算力链，同时解决了地理位置和拓扑距离导致的延迟与负载问题。这种面向算力资源、算力节点和算力链的算力标识为分布式算力资源的管理与编排提供了一种灵活而高效的解决方案，适用于各种复杂的算力应用场景。

算力的统一标识和度量是衡量全网算力资源的基础，也是算力资源与应用需求敏捷对接的首要步骤。算力的统一标识和度量需要考虑诸多因素，在计算系统中，需要考虑精度、操作、指令、芯片、系统级分层度量。不同的计算机对不同的应用有不同的适应性，因此很难建立一个统一的标准来比较不同计算机的性能。此外，算网协同中的算力标识和度量不仅与硬件资源的计算能力、存储能力、通信能力密切相关，还与计算节点的服务能力和业务支撑能力有关。当前，算网协同正处于研究阶段，业内对其实现路径存在不同的观点，预计未来仍需大量的标准化工作和技术研究工作。

4.2.2　算力度量技术实现方案

算力度量和算力建模是算力网络底层的技术基石，在网络中有效地对算力进行标识和度量是算网融合发展的第一步。不同于传统的硬件计算资源度量，在算网融合过程中，算力的度量不仅依赖 CPU、GPU 等处理单元及内存、硬件等计算资源，还与业务类型、节点的通信能力等息息相关。可以说，作为算网融合发展的基础，如何构建统一的算力资源模型和算力需求模型、实现算力的一致化表达，是算力度量与算力建模的关键问题。

算力度量指标包含静态指标和动态指标两种。其中，静态指标有逻辑运算能力、并行计算能力、神经计算能力、存力、算法能力、路由协议和算效等；动态指标有 CPU 空闲率、GPU 空闲率、吞吐率和硬盘剩余存储量等。如果仅考虑静态指标，不考虑实时变化的网络状态和算力节点的工作状态等动态指标，容易导致算力资源匹配准确率较低；如果仅考虑动态指标，不考虑静态指标，可能会出现"高分低就"等问题，导致算力资源利用率较低。静态指标和动态指标均能反映算力节点的性能。全面分析算力资源是度量算力的有效方式。

1. 基于算力维度分类的算力度量体系[28]

基于算力维度分类的算力度量体系首先将总算力按照逻辑运算能力、并行计算能力、神经计算能力的维度（分别对应前述基础算力、智能算力和超算算力）进行分类，然后按照场景方式、固定比例系数或特定的计量单位进行具体的度量测算。下面进行详细介绍。

1）按照场景方式测算

按照场景方式测算对不同的场景进行差异化分析，对场景中涉及的不同规格的计算单元进行分类计算，计算单元的算力值与实际运算效力（以下简称"算效"）最匹配。尽管此方法的计算结果相对比较客观，但需要针对每种场景进行算力拆解，繁复的服务场景会提高算力路由和交易模型的测算复杂度。

2）按照固定比例系数测算

按照固定比例系数测算以建造成本为依据，为 3 种计算能力定义固定的比例系数。在这种方式下，无须对每种算力资源进行拆解，降低了算力路由和交易模型的测算复杂度。但是，如果设置的比例系数不合理，会导致算力值带有场景倾向性，计算单元的算力值与实际算效误差变大。在该方式下，算力值可以通过如下范式描述。

$$\alpha \times \text{逻辑运算能力} = \beta \times \text{并行计算能力} = \gamma \times \text{神经计算能力}$$

其中，α、β 和 γ 都是比例系数。α 代表逻辑运算能力在总计算能力中的比重；β 代表并行计算能力在总计算能力中的比重；γ 代表神经网络计算能力在总计算能力中的比重。

3）按照特定的计量单位测算

按照特定的计量单位测算可以选择内核数、虚机数、容器数等作为计量单位。按照这种方式计算出来的算力值更加简单，但颗粒度被进一步放大，计算单元的算力值与实际算效误差最大。假设某个算力平台拥有的逻辑运算单元数量为 l，并行计算单元数量为 m，神经加速计算单元（超算单元）数量为 n，算力平台的总算力用 Γ 表示，则该平台的算力值可描述如下。

$$\Gamma = \sum_{i=1}^{l} \text{逻辑运算能力(TOPS)} +$$
$$\sum_{i=1}^{m} \text{并行计算能力 (FLOPS)} + \sum_{i=1}^{n} \text{神经计算能力 (FLOPS)}$$

因此，算力业务在算力网络中的算网资源信息 Φ 可通过某种与算力、存力、算法能力、算网路由及算效相关的数学模型来表示，即

$$\Phi = \{\Gamma, T, X, P, \psi\}$$

其中，T 为存力；X 为算法能力，包括算法类型和复杂度等；P 为算网路由，包含路由协议、协议配置等信息；ψ 为算效，用于算力配置策略验证。算力网络可在上述算网资源信息模型的基础上，引入用户位置、性能需求等关键信息进行合并计算，完成业务画像后，对外生成面向用户的算网资源视图，对内生成算网资源清单和初始配置策略。

2. 先静后动的混合式度量方法[29]

"先静后动"的混合式度量方法（Hybrid Metric Method，HMM）先计算算力节点的基础性能分数，将分数进行合理的分段，最后在段内找到合适的算力节点。算力节点能否满足用户任务的需求，首先看它的基础性能高低，其次看它当前的工作状态能否满足用户任务的需求。假设一项用户任务需要一个高性能且 CPU 空闲率为 30% 的算力节点，要找到匹配该需求的算力节点，需要从基础性能为高性能的算力节点中选择 CPU 空闲率达到但不远超 30% 的算力节点。但要注意两种情况。一是不能在所有基础性能未知的算力节点中选择 CPU 空闲率大于 30% 的算力节点，否则可能会出现当动态指标相同时，原本低性能算力节点就能满足用户需求，却选择了高性能算力节点，造成资源浪费和算力节点利用率低；或者当动态指标相同时，本应选择高性能算力节点，却选择了低性能算力节点，影响用户利益。二是不能在高性能算力节点中随意选择工作状态无法确定的算力节点，否则容易造成节点匹配准确率低。区分算力节点基础性能的高低，并考虑当前算力节点工作状态是否满足业务的需求，是一种更有效的度量方式，是实现用户意图感知和算力资源调度的基础。

先静后动的混合式度量方法的工作流程如图 4-4 所示。

首先利用熵权法计算出算力节点的基础性能分数。然后利用基于决策树的分类回归树（Classification and Regression Trees，CART）算法对分数进行合理的分段。接着在符合业务需求的段内，利用 n 维欧氏距离算出算力节点性能与

用户任务所需性能之间的距离。最后找到最短距离，此最短距离对应的算力节点为最符合用户任务需求的算力节点。

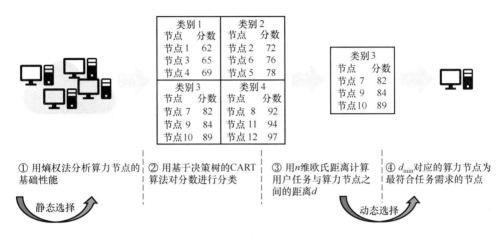

图 4-4　先静后动的混合式度量方法的工作流程

在静态指标的选取上，采用 CPU、GPU、存储能力等指标。在动态指标的选取上，采用 CPU 空闲率、GPU 空闲率、吞吐率和硬盘剩余存储量等指标。考虑基础算力、智能算力、存储能力、网络能力四大指标。

（1）基础算力。当处理普通业务时，CPU 可以确定业务的运行速度。本文将处理器运算能力性能指标 TOPS/W（Tera Operations Per Second Per Watt，每瓦特的每秒万亿次运算）和 CPU 速度指标 MIPS 作为静态指标的其中 2 个加以研究；将 CPU 空闲率作为动态指标的其中一个加以研究。

（2）智能算力。当用于深度学习应用程序、大规模并行处理或其他要求严苛的工作负载时，GPU 显得尤为重要。采用常规神经网络算力指标每秒十亿次运算数（Giga Operations Per Second，GOPS）和存储性能指标 RAM 作为静态指标的其中一个；将 GPU 空闲率作为动态指标的其中一个。

（3）存储能力。考虑到算力节点的工作不只有计算，还有存储等，本文将 RAM 的存储能力和硬盘存储能力作为静态指标的其中两个因素；将硬盘剩余存储量作为动态指标的其中一个。

（4）网络能力。将网络的吞吐率作为动态指标的其中一个，其单位为请求数

/秒（req/s）。吞吐率特指 Web 服务器在单位时间内处理的请求数，是对 Web 服务器并发处理能力的量化描述，也是衡量网络服务能力的重要指标。在衡量网络转发性能时，它能直观地反映网络处理事务的能力。

4.2.3　算力解耦技术实现方案

为解决算力异构性带来的一系列挑战，算力解耦技术的研究和发展势在必行。算力解耦技术将计算能力和资源从硬件及操作系统中分离出来，从而忽略了算力网络底层的异构性。算力解耦技术旨在通过构建标准统一的算力抽象模型和编程范式接口，打造开放灵活的开发与适配平台，实现各类异构硬件资源与计算任务的有效对接，异构算力与业务应用的按需适配、灵活迁移，充分释放各类异构算力的协同处理效能，加速算力应用业务创新，实现异构算力资源一体池化、应用跨架构无感迁移、产业生态融通发展。算力解耦技术架构包含算力池化层和算力抽象层，从而适配异构算力资源，降低上层应用开发成本，实现上层应用一次开发、跨架构无感迁移与执行。

1. 算力池化层

算力池化层旨在将计算资源从底层硬件中抽象出来，形成一个可用于管理和调度的抽象计算资源池。这种池化技术能够使计算资源的使用更加灵活、更具弹性，从而更好地满足不同业务的需求。算力池化层通过构建底层异构硬件的统一抽象模型，将各种类型的硬件资源（如 CPU、GPU、FPGA 等）汇聚到一个统一的资源池中，使这些资源能够被动态地分配和调度。这种池化方式能够提高资源的利用率，减少资源浪费，从而降低成本和能源消耗。

在算力池化层，应用可以发出计算资源的请求，算力池化层会根据当前的资源情况对这些请求进行重定向和再调度，以实现对计算资源的动态、灵活配给。这种池化方式能够提高计算资源的利用率，使资源更好地适应业务需求的变化。此外，算力池化层还具有弹性扩缩容的能力，能够根据业务需求和算力负载情况提供算力资源的自动弹性扩缩容，从而保证业务的高可用性和高效性。

2. 算力抽象层

算力抽象层的目的是，在不同的硬件平台上提供一致的算力接口和编程模型，以便在不同的硬件平台上移植和执行应用程序。算力抽象层由硬件解耦堆栈和算力解耦接口组成。

1）硬件解耦堆栈

硬件解耦堆栈主要包括编程模型转换器和解耦运行时。编程模型转换器是一种编译器，可以将基于特定芯片编程的应用程序转译为与底层硬件架构无关的算力解耦中间元语。这样做的好处是，可以使应用程序在不同的硬件平台上执行，同时保持编程模型的一致性。

解耦运行时是一种运行库，它可以实现对底层算力资源的感知和控制，完成解耦程序的加载、解析，保障计算任务与本地计算资源的即时互映射，按需执行。解耦运行时的主要任务是将抽象的计算任务映射到底层硬件资源上，并管理和调度这些资源，以便高效地运行应用程序。

2）算力解耦接口

算力解耦接口是基于解耦算力抽象接口及多模混合并行编程模型构建的。算力解耦接口可以嵌入用户的业务中，形成可以嵌入式融入用户业务的开发环境。这样做的好处是可以提高应用程序的可用性和可扩展性，同时降低应用程序的开发和维护成本。此外，这种接口还可以辅助用户生成可跨架构流转、无感迁移与任务式映射执行的算力解耦程序，从而提高应用程序的灵活性和可移植性。

算力抽象层的优势在于，它可以为不同的硬件平台提供一致的编程模型和接口，从而降低跨平台应用程序的开发和维护成本。同时，它可以在不同的硬件平台上提供高效的执行环境，从而提高应用程序的性能和可扩展性。

4.2.4　确定性网络技术实现方案

目前，确定性网络技术主要包括灵活以太网（Flexible Ethernet，FlexE）技术、时间敏感网（Time-Sensitive Networking，TSN）技术、确定网（Deterministic Networking，DetNet）技术、确定性 IP（Deterministic IP，DIP）技术、确定性 Wi-Fi（Deterministic Wi-Fi，DetWi-Fi）技术，以及 5G 确定性网络（5G Deterministic Networking，5GDN）技术。

1. 灵活以太网技术

FlexE 技术允许在高速以太网链路上划分多个灵活的子通道，每个子通道都可以具有不同的带宽。FlexE 技术的主要目的是提供以太网链路带宽的灵活性和可配置性，使网络运营商和企业能够更有效地管理和利用高速以太网链路，满足不同应用的带宽需求。FlexE 技术的核心概念是将一条高速以太网链路（数据传输速率通常为 100 Gbps、200 Gbps 或 400 Gbps）划分成多个较小的子通道，可以将这些子通道灵活地配置为不同的带宽大小，如 50 Gbps、25 Gbps、10 Gbps 等。这样，一条高速链路就可以同时传输不同带宽的数据流，实现对带宽的灵活管理。FlexE 技术的主要特点如下。

（1）带宽灵活配置。利用 FlexE 技术，可以根据实际需求对带宽进行灵活配置和调整，而无须更换物理设备。这使网络运营商和企业能够根据应用需求动态分配带宽，从而更高效地利用网络资源。

（2）资源最优化。FlexE 技术允许灵活划分高速链路，避免了传统以太网链路的固定带宽划分，从而更有效地利用链路资源，避免资源浪费。

（3）支持异构设备。FlexE 技术支持不同数据传输速率的以太网设备进行灵活组合。例如，可以在同一条 FlexE 链路上组合数据传输速率分别为 100 Gbps、200 Gbps 和 400 Gbps 的设备。

（4）与现有以太网协议兼容。FlexE 技术对现有的以太网协议兼容，因此可以在现有以太网基础设施上实现部署，无须进行大规模的网络改造。

（5）应用广泛。FlexE 技术适用于多种应用场景，包括数据中心互连、运营商骨干网、通信服务提供商等，为这些场景中不断增加的数据传输需求提供解决方案。

2. 时间敏感网技术

TSN 技术是一种以太网技术标准，旨在提供对实时数据传输的支持和保障。TSN 技术的目标是使以太网满足对时延、时序和可靠性要求极高的应用，如工业自动化、智能制造、机器人控制、实时音视频传输等。TSN 技术主要包括一系列协议和机制，以确保实时数据的可靠传输和时序性。TSN 技术的主要特点和实现机制如下。

（1）时间同步。为了实现精确的时间同步，TSN 使用 IEEE 802.1AS 协议，将所有网络设备（如交换机、终端设备等）的时钟进行同步，使网络中的设备都拥有统一的时间基准。

（2）流量调度。TSN 使用 IEEE 802.1Qbv 协议进行流量调度，确保关键数据流优先传输，减弱网络堵塞的影响，从而提供更低的传输时延和更稳定的时序性。

（3）流量整形。利用 IEEE 802.1Qci 协议，TSN 可以对传输的数据流进行整形和限速，确保实时数据的带宽和传输速率得到有效控制。

（4）服务质量。TSN 利用 IEEE 802.1Qav 和 IEEE 802.1Qbu 等协议为实时数据流提供带宽保障，确保这些关键数据流能够按时传输，不受非关键流量的影响。

（5）时钟漂移补偿。TSN 利用 IEEE 802.1AS 时钟同步协议对网络中的时钟进行周期性校准，以补偿时钟漂移，保持时间同步的准确性。

（6）冗余路径。TSN 可以利用多路径传输机制和环路协议提供冗余传输路径，提高网络的可靠性和容错性。

3. 确定网技术

DetNet 技术旨在为实时和关键数据的传输提供高可靠性、低时延和高预测性的网络服务。DetNet 技术的目标是满足对网络通信具有高度确定性要求的应用，如工业自动化、智能交通系统、机器人控制、实时音视频传输等。DetNet 的关键技术有以下几项。

（1）流量工程技术。DetNet 使用流量工程技术对网络流量进行管理和调度。

通过有效的流量工程，关键数据流能够获得优先传输权，确保其在网络中传输时不受网络堵塞和延迟的影响，从而满足实时性要求。

（2）时间同步技术。DetNet 中的设备需要具有高精度的时间同步，以确保数据在网络中的传输时序一致。时间同步技术对实时数据传输非常重要，尤其是在多个设备之间需要协同工作的场景中。

（3）排队和转发机制。DetNet 中的交换机、路由器需要采用低时延的排队和转发机制，以确保快速传输数据包，不受网络堵塞的影响。

（4）冗余路径和容错机制。DetNet 可以采用冗余路径和容错机制来提高网络的可靠性与容错性，保证在网络出现故障时仍然能够传输关键数据。

（5）网络切片技术。DetNet 技术支持网络切片，将网络资源划分为多个独立的虚拟网络，以满足不同应用对网络资源的个性化需求。

4. 确定性 IP 技术

确定性 IP（DIP）技术是华为和紫金山实验室共同提出的一种新颖的具有三层架构的确定性网络技术，在数据面引入周期调度机制进行转发技术的创新突破；在控制面提出免编排的高效路径规划与资源分配算法，真正实现大规模可扩展的端到端确定性低时延网络系统。DIP 在传统 IP 的基础上引入周期转发的思想，通过控制每个数据包在每跳的转发时机减少微突发，消除"长尾效应"，最终实现端到端时延的确定性。DIP 技术可以保证在最差情况下的端到端时延依然有界，且最差时延与最好时延之间的差距仅为两个调度周期。在核心节点进行标签交换和周期转发聚合调度，解决了传统 IP 网络的突发累积问题，实现了 IP 网络的端到端时延确定性和微秒级抖动。此外，DIP 网络中的核心节点无逐流状态，各设备之间不需要实现精准的时间同步，因此具有良好的大规模可扩展性。

相比业界的 TSN、DetNet 等技术，DIP 技术无须让网络节点之间严格保持时间同步，核心节点无逐流状态，并且支持任意长距离链路，因此可扩展性更强，实现代价更低。DIP 技术在业界首次同时实现了网络的确定性和大规模可扩展性，不仅适用于工业制造、园区网等小规模组网场景，也可以满足运营商网络等大规模 IP 网络对确定性和可扩展性的双重要求，极大地提高 IP 技术的服务能力。DIP 技术将引领未来技术和行业的发展趋势，在未来工业互联网、工业控制、柔性制造等领域发挥重要的作用。

5. 确定性 Wi-Fi 技术

工业无线网络中应用广泛的标准技术如 WirelessHART、WIA-PA 和 ISA 100.11a，都不能同时提供工业控制所需的极低时延和高可靠性通信。为了使无线网络满足时间敏感型业务的传输要求，目前主流的方法是设计无线网络中的实时传输调度方法，针对端到端的实时传输时延问题建立具有时延限制的数学模型，再进行分析求解。在多跳网状网络中采用灵活高效的实时路由算法，将冲突时延、数据传输成功率等纳入路由决策，也能在一定程度上实现数据的实时可靠传输。在工业安全监测等对实时性要求严苛的场景中，改进介质访问控制（Medium Access Control，MAC）协议的设计，实现非周期关键性数据的及时接入信道与立即传输，可以大幅减小关键数据的端到端时延。设备之间的相互协作通信是提高通信可靠性的有效方法，协作通信结合改进的 MAC 协议能有效实现时间敏感型数据的低时延和高可靠传输。此外，对现有的 IEEE 802.11 协议进行改进，使其具有可靠性和实时性，从而适用于对时间敏感的高速工业应用。由 IEEE 802.11ax 定义的下一代 Wi-Fi 更是引入了一些确定性关键数据传输增强功能，以支持对时间敏感的工业自动化应用。

6. 5G 确定性网络（5GDN）技术

5GDN 利用 5G 网络资源打造可预期、可规划、可验证、有确定性传输能力的移动专网，提供差异化的业务体验。鉴于 5G 的战略作用，整体业界及政府对 5G、5GDN 十分重视和支持。此外，5GDN 有助于强化 5G 网络从服务消费者转向服务公司和组织。

5GDN 的特征维度有 3 个：差异化网络、专属网络、自助网络。差异化网络在带宽、时延、抖动、丢包率、可用性、高精度定位、广域/局域组网等方面存在差异；专属网络具有网络安全、资源隔离、数据/信令保护等特性；自助网络具有线上/线下购买、网络自定义、快速开通、自管理/自维护、网络自运营等特性。

4.3 算力网络资源层实践

4.3.1 技术方案选择

算力网络资源层的主要关键技术是将网络中存在的泛在异构资源进行抽象，为应用提供统一的算力资源。这些异构资源包括单核 CPU、多核 CPU、"CPU+GPU+FPGA"等多种架构组合。针对算力网络资源层，ITU-T 目前正在研究多项标准，如 Q.Cpi（算力标识的信令要求）、Y.ARA-CPN（算力认证调度架构）等。同时，CCSA 完成了《网络 5.0 算力标识技术要求》等行业标准的立项。

《网络 5.0 算力标识技术要求》明确了算力资源的使用场景、实际需求及结构与规范。在算力网络中，算力资源的物理位置、硬件形态、应用场景与资源归属具有广泛的多样性，算力网络将算力资源的多维特征与网络资源信息相结合，根据联合部署优化策略，结合算力使用者的需求，综合选择能够满足业务需求且投入成本低的最优算力节点和算力路径。在算力网络中，业务对算力的需求是多样化的，主要体现为低时延需求、高移动性需求与大算力需求。根据上述算力业务的特征，可以将算力的应用场景分为检索查询类、渲染交互类、深度学习类与区块共识类。算力标识的使用者主要包含算力资源的需求方、提供方、运营方及算力认证中心。

算力标识主要有以下 6 个需求。

（1）算力标识在全局或规定的范围内具有唯一性，以便用户或应用区分和识别相应范围内不同的算力对象。

（2）算力标识应具有弹性，即算力标识在设计过程中需要支持不同尺度算力的标识管理和聚合管理，从而满足不同业务场景下资源使用与调度的需求。

（3）算力标识应具有可扩展性，即算力标识可以通过一定的扩展机制应对网络中算力资源规模与部署的变化，从而满足算力资源发展的需要。

（4）同一算力标识可以被多名用户或应用同时使用。

（5）算力标识需要应用于算力资源的寻址与通信，从而建立与算力标识所标识的对象之间的网络连接。

（6）算力标识应具有可管理性，即任何算力资源在接入网络前都需要经历注册、鉴权与授权等过程，算力标识需要经过申请与分配。

在对算力资源进行统一标识与描述时，需要考虑算力资源特征的多样性与算力服务的多样性，从而为算力资源的接入、发布与交易提供依据。在进行资源与算力任务的匹配时，也需要通过算力标识形成符合算力任务需求的算力资源列表。

本书 4.2 节提到的几种算力标识技术实现方案各有优势。例如，基于树模型的算力标识将算力资源抽象成树模型，然后按照域名组织规则进行编码、注册和管理，可以保证算力标识的全局唯一性，便于算力资源的分类和管理，支持算力资源的扩展和演进；使用 URL 语言的算力标识将算力、存储等资源划分成标准化单元并进行统一标识，可以方便地将算力资源与其他资源进行关联，标识简单易懂，便于记忆和使用，支持算力资源的动态发现和管理；面向算力资源、算力节点和算力链的算力标识可以实现对分布式算力资源的有效管理与编排，支持算力资源的灵活组合和利用，提高算力资源的利用率和服务质量。综合对比各方案的优势，并结合算力标识的主要需求，本书选取面向算力资源、算力节点和算力链的算力标识作为主要实践方案，下面将对该方案进行具体介绍。

1. 算力资源标识

算力资源提供商包括中国移动（CM）、中国电信（CT）、中国联通（CU）等，需要算力提供商标识；算力域包括华北、华东、华中等，需要算力域标识；资源类型包括含 CPU/GPU 的可开放计算型资源、硬盘存储的数据型资源、集成化的服务型资源等，需要算力类型标识；算力架构包括知识处理器（Knowledge Processing Unit，KPU）、神经网络处理器（Neural Network Processing Unit，NPU）、张量处单元（TPU）等，需要算力架构标识；架构型号包括 1808、3399、3568 等，需要架构型号标识；算力模型包括 ResNet、YOLO、基于区域的卷积神经网络（Region-based Convolutional Neural Netuork，R-CNN）等，需要算力模型标识。因此，算力资源标识应包含算力提供商标识、算力域标识、算力类型标识、算力架构标识、架构型号标识、算力模型标识等。

　　算力资源入网向算力解析服务器登记时，借鉴 DNS 解析映射机制，将算力资源层次抽象后按域名组织规则和 URI 规则进行编码、注册和管理。算力标识架构如图 4-5 所示，算力资源抽象树从根节点向下逐层为算力提供商、算力域、算力类型、算力架构、架构型号、算力模型等，资源抽象树的叶子为具体的实例化名称。入网算力资源可以是已加载具体算力模型的资源，也可以是未运行任何实例的弹性空载资源，相应的资源抽象树缺乏相应的层次编码。

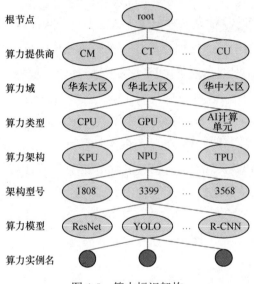

图 4-5　算力标识架构

　　（1）算力提供商：按照算力提供商的名称进行分类，包括 CM、CT、CU 及其他算力提供商。

　　（2）算力域：按各大区进行分类，包括华东大区、华北大区、华中大区等。

　　（3）算力类型：按照算力资源类型进行划分，包括 CPU、GPU、AI 计算单元等。

　　（4）算力架构：按照算力资源架构进行划分，包括 KPU、NPU、TPU 等。

　　（5）架构型号：按照算力资源架构型号进行划分，包括 1808、3399、3568 等。

　　（6）算力模型：按照算力模型进行划分，包括 ResNet、YOLO、R-CNN 等。

将上述所有信息结合起来构成算力资源的唯一标识，根据节点类型采用从叶子节点到根节点的方式书写算力资源标识，各层用"."隔开，具体格式如图 4-6 所示。

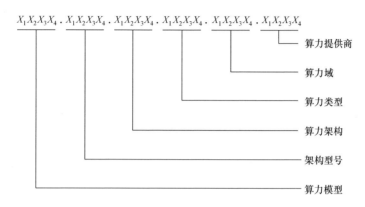

$X_1X_2X_3X_4 . X_1X_2X_3X_4 . X_1X_2X_3X_4 . X_1X_2X_3X_4 . X_1X_2X_3X_4 . X_1X_2X_3X_4$

算力提供商
算力域
算力类型
算力架构
架构型号
算力模型

图 4-6　算力标识编码结构

算力标识编码的组成如表 4-2 所示。

表 4-2　算力标识编码的组成

代 码 段	长度（字符）	数 据 类 型	说 明
算力模型	4 位	String	唯一标识算力模型单元
架构型号	4 位	String	唯一标识架构型号单元
算力架构	4 位	String	唯一标识算力架构单元
算力类型	4 位	String	唯一标识算力类型单元
算力域	4 位	String	唯一标识算力域单元
算力提供商	4 位	String	唯一标识算力提供商单元

2. 算力资源节点标识

算力资源节点标识指为每个算力资源定义一个地址标识，从而获取算力资源的位置信息。所使用的地址标识结构具有地址长度自定义、地址语义自定义两个技术特点。

算力资源节点标识需要指定地址格式，以标识算力资源的位置信息，使用可变长多语义地址格式可以满足标识需求。

可变长多语义地址格式具有自解释性，其中第 1 字节的数值决定了第 1 字节语义、后续比特的存在性及其语义。基于该特性，可变长多语义地址最短可使用 1 字节作为地址长度，且地址长度与地址语义均具有自定义能力。可变长多语义地址分为 4 个基础类，分别适配极简地址空间编址（第一类地址和第二类地址）、自定义地址空间编址（第三类地址）和多语义地址空间编址（第四类地址），如表 4-3 所示。

表 4-3 可变长多语义地址规范

地址类型	第 1 字节数值	地 址 长 度	地址结构与数值
第一类	0x00～0xDC	1 字节	第 1 字节数值
第二类	0xDD～0XF0	2 字节	256 ×（第 1 字节数值－ 0xDD）+ 第 2 字节数值
第三类	0xF1	3 字节	后跟 2 字节地址
	0xF2	5 字节	后跟 4 字节地址（同 IPv4 地址）
	0xF3	9 字节	后跟 8 字节地址
	0xF4	17 字节	后跟 16 字节地址（同 IPv6 地址）
	0xF5	$n+2$ 字节	后跟 1 字节指示地址长度 n 字节，再跟对应长度的地址
第四类	0xF6	根据特定语义确定	后跟 1 字节指示地址语义类型，再跟对应语义类型下的可变长标识符
	0xF7		后跟 1 字节指示地址语义类型，再跟对应语义类型下的可变长标识符

可变长多语义地址第 1 字节固定为地址类型索引语义，用于区分地址类型。

1）第一类地址（极简地址空间编址）

第一类地址适用于使用极短地址和极小网络规模的场景，使用 1 字节长度地址，数值为 00～DC，地址数值等于第 1 字节数值，可表示的地址空间为 0～220。第一类地址使设备在变长地址结构下能够达到最短的地址长度，适用于极低功耗设备。

2）第二类地址（极简地址空间编址）

第二类地址适用于使用短地址和小网络规模的场景，使用 2 字节地址长度。第 1 字节数值为 DD～F0，地址数值等于"256×(第 1 字节数值－ 0xDD)+第 2 字节数值"，可表示地址空间为 0～5119。第二类地址是为了在可变长语义地址结构下实现尽可能短的地址长度，特别适用于低功耗设备。

3）第三类地址（自定义地址空间编址）

第三类地址适用于使用特定地址空间大小的场景。第 1 字节数值为 F1～F5。

其中，F1～F4 分别表示网络使用 2 字节地址、4 字节地址、8 字节地址和 16 字节地址，从第 2 字节开始至地址结束表示地址数值。通过采用自定义地址空间编址格式，网络管理员可以选择与实际网络需求最匹配的地址长度，适用于网络空间规模大于 5119 的应用场景。IPv6（128 位/16 字节）地址可作为可变长多语义地址中第 1 字节地址索引值为 F4 的特例。

当第 1 字节数值为 F5 时，第 2 字节定义为长度索引，用来描述自定义地址长度。长度索引值最大为 255 字节，此时可变长多语义地址的地址长度为 1+1+255=257（字节）。例如，F5/07/3B3A297F50C24F 表示 56 位地址，序列值 07 表示 7 字节（56 bit）地址长度。

4）第四类地址（多语义地址空间编址）

第四类地址定义为多语义格式，路由器根据特定的语义和规则进行报文转发。当第 1 字节值为 F9 时，第 2 字节定义为语义索引。表 4-4 给出了第一字节数值为 F6 时可变长多语义地址语义索引表规范。不同的寻址模式对应不同的地址语义，所以第 2 字节数值含义也不相同。以地理位置寻址模式为例，可变长多语义地址 F6/00/A32F84C981002E9B 可以代表一个地理位置嵌入地址。其中第 2 字节数字 00 表示地理位置语义，A32F84C981002E9B 表示经过特定方案编址的地理位置坐标，如 64°25'12.07"N,100°10'15.24"W。

表 4-4　第一字节数值为 F6 时可变长多语义地址语义索引表规范

语 义 索 引	语　义	语 义 索 引	语　义
0	地理位置语义	3	预留
1	服务类型语义	……	……
2	算力类型语义	255	预留

3. 算力链标识

算力链标识指当多个算力资源构建成一个簇时，需要算力链标识进行身份标注。其中算力链应包含至少两个算力资源，各算力应拥有身份标识。算力链应具备身份管理和权限控制机制，如根据算力等级进行权限控制；应具备隐私保护机制，所有加密保护机制均应符合国家加密算法规定；应具备安全防护机制，能抵抗或应对算法漏洞攻击、核心代码攻击等。

自动驾驶、远程驾驶和 XR（扩展现实）交互等算力应用场景需要综合编排渲染类、搜索类、优化类、AI 类和大数据类等多类算力资源共同提供服务，参与服务的算力资源构成异构算力链。不仅如此，鉴于用户和算力资源之间的地理位置与拓扑距离导致的延迟及负载问题，用户和目标算力资源路径上的多个算力资源需要共同提供服务，参与服务的算力资源构成同类算力链。为满足上述场景需求，引入算力链标识来利用多个算力资源共同完成任务，或者进行算力资源负载均衡时的身份统一标识。

各算力资源加入算力链时应给予其在系统内唯一的标识。算力资源之间在传输加密前，应先通过标识鉴别信息实现双向身份认证，建立一条安全的数据通信信道。应设立节点标识认证失败处理机制，采取结束通信、限制认证失败次数和超时自动结束等措施。具体的算力链结构如图 4-7 所示。

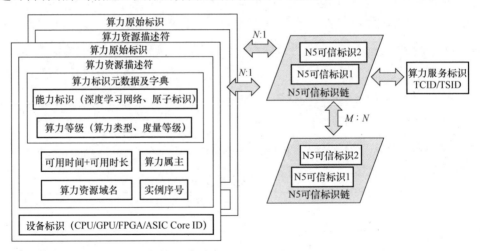

图 4-7　算力链结构

算力链表示的数据格式如表 4-5 所示。

表 4-5　算力链表示的数据格式

属　　性	内　　容	属　　性	内　　容
中文名称	算力链标识	数据长度	定长 32 字节
英文名称	Computing Power Chain ID	数据说明	算力链的唯一标识
数据类型	字符串	数据备注	必选

4. 任务标识

用户发起算力任务后，需要在网络内转发该任务，以将其传递到相应的算力资源。因此，进行任务转发时需要唯一的身份标识以区分任务信息。

用户发起算力任务完成预配后，算力网络将根据用户的实际需求实时动态地进行任务调度和数据交换与转发。此时，为了区分算力任务，需要为各任务配置唯一的标识。计算任务标识数据格式如表 4-6 所示。

表 4-6　计算任务标识数据格式

属　　性	内　　容	属　　性	内　　容
中文名称	计算任务标识	数据长度	定长 32 字节
英文名称	Computing Task ID	数据说明	算力任务的唯一标识
数据类型	字符串	数据备注	必选

4.3.2　研发实践

1. 算力资源统一纳管平台

在算力网络资源层的实践方面，网络运营商建立了一套算力资源统一纳管平台，利用算力汇聚实现算力资源池的统一纳管。算力资源统一纳管平台聚焦研发多云共管、云网协同等一体化云网系统，通过对计算、存储、网络、容器等资源的多面协同编排，实现多云资源统一部署、运维和运营管理，形成包括公有云、私有云、容器云、信创云在内的一体化云服务能力。目前，利用异构云纳管技术，网络运营商已经实现了对 ZStack、OpenStack、Fusion、VMware 等 10 余种类型云资源和容器类资源的纳管。

算力资源统一纳管平台包括对计算、存储、网络资源的统一管理，面向资源的运维管理，以软件和基础设施资源的统一及自动交付为目标的资源编排管理，面向资源服务化过程的运营管理，基础设施云的租户和用户管理等，为资源的使用者提供服务门户，也为资源的管理者提供体验一致的管理能力。算力资源统一纳管平台运行流程如图 4-8 所示，图中以甘肃省到江苏省南京市的算力资源纳管为例，供应商通过算力服务门户提交其算力资源和服务信息，多云管理系统则负责整合这些分散的算力资源池。

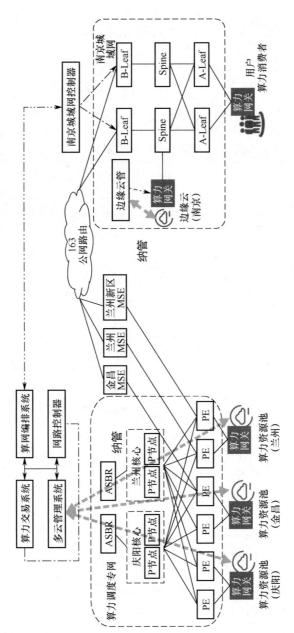

图 4-8　算力资源统一纳管平台运行流程

2. 平台功能与架构

算力资源统一纳管平台可以对基础设施的计算、存储、网络等资源进行管理，底层支持内核内建的虚拟机（Kernel-based Virtual Machine，KVM）和 VMware 虚拟化技术，兼容异构的软硬件平台，支持当前主流厂商的服务器产品，兼容主流操作系统，如 Windows、Linux。算力资源统一纳管平台支持本地存储、NAS、SAN、DFS 等多种存储类型，包括本地存储、NFS 存储、SAN 存储和分布式块存储。此外，算力网络纳管平台支持广播域、IP 子网等网络设置。基于微服务和模块化架构，算力网络纳管平台支持容器化部署，采用 B/S 架构，提供全中文的管理和使用界面，具备友好的人机交互体验，支持主流浏览器，包括 Edge、Safari、FireFox 和 Chrome 等。算力资源统一纳管平台的核心云引擎支持计算、存储和网络的全面虚拟化，支持虚拟机、虚拟磁盘和虚拟网络的全生命周期管理，提供虚拟机配置在线变更等多种功能。算力资源统一纳管平台使用消息总线 RabbitMQ 同数据库 MariaDB 及各服务模块进行通信，提供云服务器管理、物理机管控、存储调度、网络连接、计量计费、监控告警等功能。算力资源统一纳管平台还提供功能丰富的命令行管理工具，用于云管理的命令行界面（Command Line Interface for Management of Cloud，CLIMC），且支持 RESTful API 进行资源调度管理。算力资源统一纳管平台组件架构如图 4-9 所示。由图可知，算力资源统一纳管平台采用模块化设计，主要由技术模块（如控制器、模板服务、认证服务等）和基础设施模块（如服务器、物理机等）组成。

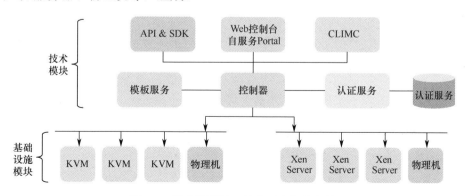

图 4-9　算力资源统一纳管平台组件架构

1）技术模块

（1）控制器。控制器提供可选的逻辑控制和任务调度系统，支持异步架构，并通过消息总线 RabbitMQ 实现各服务间的通信，具备并行处理能力。同时，对各服务进行解耦，所有服务通过消息总线进行交互。新增功能模块支持通过插件实现水平扩展，避免对原有架构的修改，从而实现功能的扩展与架构的优化。微服务架构还支持监控报警、计量计费、权限控制等模块，这些模块采用容器进行编排和调度。此外，系统能够统一管理公有云虚拟机、KVM、VMware、OpenStack 及物理机等不同计算资源池。

（2）Web 控制台自服务 Portal。所有资源与业务管控均具有统一的网络产品界面（Website User Interface，Web UI），提供管理员与用户交互功能，集成虚拟网络控制台（Virtual Network Console，VNC）、日志报表，仪表盘可直观地显示系统运行状态。

（3）模板服务。统一镜像格式与运行环境，自适应管理和安装不同文件系统驱动与依赖，支持 qcow2、vmdk、vhd 等磁盘格式，兼容 vmfs、xfs、nfs 等文件系统，支持虚拟机、容器等镜像类型。

（4）认证服务。支持轻量级目录访问协议（Lightweight Directory Access Protocol，LDAP）、活动目录（Active Directory，AD）、身份和政策管理（Identity and Policy Administration，IPA）等认证域，提供身份认证、批量导入用户、统一安全策略控制等服务。

（5）命令行 CLIMC。算力资源统一纳管平台的所有功能均提供 API，基于这些 API 实现统一的命令工具 CLIMC。

（6）API&SDK。API&SDK 将对外接口、多云管理接口、系统与服务接口，统一抽象并纳管多云资源与服务，同时提供第三方软件集成功能。

2）基础设施模块

系统管理员维度的基础设施包括地域、服务器、网络等。

（1）地域。支持多区域、多可用区的多个数据中心基础设施架构，需要将不同区域和可用区的资源挂载到相应的资源权限下。

① 区域。区域通常指一个具体的物理地理位置或位置范围，云资源通常会分布在全球不同区域。区域是云资源逻辑隔离的最大单位，可以集中管理多个数据中心，并根据区域和可用区进行划分。区域内的资源包括物理机、宿主机等，可以通过查看指定数据中心的仪表盘等模块进行管理和监控。

② 可用区。可用区对应区域内部的数据中心名称，从逻辑上划分为不同的机房分区，包含名称、物理机、受管物理机、广播域、操作等字段。用户可以执行新建、修改、删除、模糊搜索等操作。机房管理模块提供对机房信息的增、删、改、查功能，允许新建机房信息、分页列出机房详情、模糊查询机房数据、修改现有机房信息，以及删除未挂载资源的机房信息。

（2）服务器。算力资源统一纳管平台具备管理服务器的能力。服务器按照被管理的程度可以分为宿主机和物理机两类。

① 宿主机。宿主机是在算力资源统一纳管平台内作为虚拟化平台宿主机的容器，如 KVM、VMware ESXi 和 Kubernetes 等。算力资源统一纳管平台可以通过接口管理和控制服务器上的虚拟机或容器。对于 KVM 宿主机，算力资源统一纳管平台通过自研运行在服务器上的 agent 进行管理和控制。对于 VMware ESXi 宿主机，算力资源统一纳管平台通过 vSphere WebService API 和 vCenter 通信，实现对其上 VMware 虚拟机的管理和控制。对于 Kubernetes 宿主机，算力资源统一纳管平台通过 API Server 对运行在其上的容器进行管理和控制。宿主机管理界面展示宿主机的服务状态和资源的分配情况。宿主机无法在算力资源统一纳管平台上手工创建记录，需要宿主机自动上报。对于 KVM 宿主机和 Kubernetes 宿主机，宿主机内的 agent 服务启动后会自动上报。对于 VMware ESXi 宿主机，平台通过 vCenter 自动同步所有的宿主机记录，并且可以监控宿主机的参数信息、资源使用率、仪表盘等。

② 物理机。物理机指在算力资源统一纳管平台注册了智能平台管理接口（Intelligent Platform Management Interface，IPMI）的管理信息，可以被算力资源统一纳管平台完全管理和控制的物理服务器。对这类物理服务器，算力资源统一纳管平台可以通过 IPMI 协议进行开机、关机、重启、安装操作系统和销毁操作系统

等操作。物理机无法在平台上手工创建记录，可以通过以下两种方式上报：自动上报和手工上报。自动上报是在物理机网络中将动态主机配置协议中继设置为算力资源统一纳管平台 Baremetal 服务的地址。物理机在预启动执行环境（Preboot eXecution Environment，PXE）运行后，自动加载算力资源统一纳管平台定制的只读存储器（Read-Only Memory，ROM）镜像，实现自动上报。手动上报指运维人员在物理机的操作系统中手动运行算力资源统一纳管平台提供的上报脚本。物理服务器将信息上报后，可以通过算力资源统一纳管平台对信息进行管理和控制。对于一台空置的物理机，用户可以选择安装部署指定的系统模板，将物理机安装成可以使用的服务器；也可以选择安装部署算力资源统一纳管平台的宿主机镜像或 VMware ESXi 镜像，将物理机转换成宿主机，实现虚拟化平台的自动化扩容。

③ GPU 透传。透传设备负责管理算力资源统一纳管平台内的一些可以利用直通技术接入虚拟机的设备，目前主要指 GPU 设备。透传设备管理可以查看平台内所有透出设备的型号及使用情况，并且可以将指定设备插入虚拟机。

（3）网络。

① 算力资源统一纳管平台可以结合网络虚拟化软件，提供部署业务应用所需的网络资源和安全策略，实现自动化部署，如逻辑交换机、逻辑路由器和逻辑负载均衡等。网络管理功能主要包括对广播域、IP 子网和预留 IP 的管理。该功能涉及算力资源统一纳管平台管理的 IP 地址管理功能和 IP 地址自动分配与配置功能。

② 专有网络虚拟私有云（Virtual Private Cloud，VPC）。目前支持阿里云、腾讯云、华为云、AWS、Azure 等各家公有云接入 VPC 网络。专有网络 VPC 是基于公有云，通过虚拟局域网（Virtual Local Area Network，VLAN）构建的一个隔离的网络环境，各专有网络之间在逻辑上被彻底隔离。专有网络是用户独有的云上私有网络，用户可以完全掌控自己的专有网络，如选择 IP 地址范围、配置路由表和网关等。用户可以在定义的专有网络中使用公有云资源，如弹性计算服务（Elastic Compute Service，ECS）、关系型数据库服务（Relational Database Service，RDS）等。用户可以将自己的专有网络连接到其他专有网络或本地网络，形成一

个按需定制的网络环境，实现应用的平滑迁移上云和对数据中心的扩展。基于目前主流的 VLAN 隧道技术，专有网络隔离了虚拟网络。每个 VPC 都有一个独立的隧道号，一个隧道号对应一个虚拟化网络。一个 VPC 内的弹性计算实例之间的传输数据包都会加上隧道封装，带有唯一的隧道身份标识（Identity Document，ID），然后送到物理网络上进行传输。不同 VPC 内的弹性计算实例因为所在的隧道 ID 不同，本身处于两个不同的路由平面，所以相互之间无法通信，实现了天然的隔离。

③ 虚拟路由器。虚拟路由器可以对广播域进行管理。广播域和 IP 子网用于抽象用户的底层网络拓扑。一个广播域对应物理网络的二层网络。一个广播域内的主机之间可以直接进行二层通信，无须通过三层设备（IP 网关）进行转发。一个广播域上可以配置多个 IP 子网。广播域定义了一个二层网络的物理机边界，IP 子网则定义了在一个广播域内可以分配的 IP 地址池。广播域是一个虚拟概念，不一定要和底层物理网络的二层网络一一对应。例如，一家企业的测试环境和生产环境虽然处于同一个物理网络的二层网络，但是出于方便管理和环境隔离的目的，两个环境的宿主机不会混用，IP 地址也是从不同的子网分配的。在这种情况下，可以定义两个广播域，一个用于测试开发，一个用于生产，并把各个环境的宿主机配置接入两个广播域。这样可以确保在测试环境的宿主机上分配的虚拟机绝对不会采用生产环境的 IP 地址，从而进一步加强两个环境之间的隔离。广播域管理界面提供了对广播域的元信息管理功能，包括新建、修改、删除等操作，同时支持模糊搜索。

④ IP 子网管理。IP 子网构建在广播域上。一个广播域内可以有多个 IP 子网。各 IP 子网之间的 IP 地址空间不能重合。IP 子网管理界面提供了对 IP 子网的 IP 地址段和网络配置信息（如默认网关、子网掩码、DNS 服务器地址、DNS 域后缀等）的管理功能。同时，同一个广播域下的多个 IP 子网可以有不同的 VLAN ID，算力资源统一纳管平台会根据该配置对分配了 IP 地址的虚拟机进行实际的 VLAN 配置。对于 KVM 虚拟机，系统在虚拟机启动运行后，自动设置对应虚拟网卡的 VLAN ID，使虚拟机发出的报文携带该 VLAN ID。对于 VMware ESXi 虚拟机，系统会将虚拟机自动加入 VLAN ID 对应的端口组，实现虚拟机报文的 VLAN 封装。IP

子网支持新建、编辑、设置为共享、设置为私有、分割 IP 子网、合并 IP 子网、删除等操作，并支持模糊搜索。一台宿主机加入算力资源统一纳管平台前，其 IP 地址需要处于某个 IP 子网的 IP 地址范围内。这样，系统可以确认该宿主机接入的广播域，进而获取在该宿主机上创建的虚拟机可以分配的 IP 子网范围。

当一个 IP 子网的一些 IP 地址提供给第三方系统使用时，为了避免这些 IP 地址被算力资源统一纳管平台自动分配，可以使用 IP 地址预留功能将这些 IP 地址预留下来。预留 IP 地址管理提供预留 IP 地址和释放预留 IP 地址的功能。

Chapter
5

第 5 章
基于ITU-T Y.2501的算力网络控制层实践

随着互联网、物联网等业务的蓬勃发展，数据和流量开始聚集在数据中心。与此同时，云计算的兴起和对低成本的需求使数据中心的规模效益变得越来越重要。近年来，数据中心规模越来越大，从大型/超大型数据中心的建设中可以看出，数据业务的多样化进一步提升。在此背景下，如何继续提高数据中心的规模效益，如何解决超大型云计算中心异构网络的运行、维护、障碍物排除和自动化问题，是每个云计算提供商、业务运营商都面临的挑战。

算力网络通过将网络资源与算力资源进行联合调度管理，并根据业务需求、算力状态、网络性能、综合成本等多维因素，为用户提供最佳的算力资源分配和网络连接服务。在ITU-T Y.2501算力网络框架与架构标准定义的算力网络体系架构中，算力网络控制层是算力网络提供上述服务的关键。基于算力网络控制层，网络运营商研发的算力网关设备能够将分散的算力资源连接成网，实现算力的高效调度和利用，为算力供需多方提供最佳的资源分发、关联、交易与调配，从而实现整网资源的最优配置。算力网络控制层技术方案主要分为"云调网""网调云"两种。本章结合实际情况，以"网调云"技术方案为基础介绍现网研发实践。

本章将对算力网络控制层的算力路由和算力网关进行介绍，尤其是对算力网关的架构和方案展开系统阐述。

5.1　基于 ITU-T Y.2501 的算力网络控制层概述

　　算力网络控制层是算力网络体系架构的关键，它将算力网络资源层的信息通过算力路由的方式进行收集，并将其发送到算力网络服务层进行进一步处理。算力网络控制层具有 3 个基本功能：资源信息收集、资源分配和网络连接调度。资源信息收集功能的实现主要依赖对算力资源信息的感知，通过感知协议或接口与算力资源进行交互，实现对算力资源动态信息与静态信息的收集。资源分配和网络连接调度功能的核心在于算力路由技术，基于特定的算力路由协议和算法，对算力需求与资源进行融合计算，匹配用户与算力资源之间的最佳路径，并通过网络控制协议实现业务流量调度。

5.2　算力网络控制层关键技术实现方案

5.2.1　算力感知技术实现方案

　　算力感知是对算力资源的性能、实时负载、网络状况及业务需求等全方面的感知。算力感知的目的是通过对算力需求方、算力提供方、网络连接等多方面的信息感知，为算力的选择和调度提供决策依据。因此，我们将算力感知分为算力信息感知、网络信息感知和业务需求感知。

1. 算力信息感知

　　算力信息感知通常包括对算力资源池的 IP 地址、计算能力、存储能力等信息的感知，其中既包含算力资源的静态信息（如主机名、IP 地址等），也包含算力资源的动态信息（如计算资源占用率、存储空间等）。算力信息感知技术可以采用特定的感知协议或接口实现。以云资源池为例，在现网中，云资源池一般由云管平台集中纳管，因此我们在研发实践中选择通过 RESTful 接口实现对算力信息的感知。

　　算力信息感知如图 5-1 所示。算力网关通过 API 从云管平台获取算力资源池的 IP 地址、计算能力、存储能力等信息。从算力网关的角度来看，这些信息的获取方式可以是主动式的，即由算力网关主动向云管平台请求信息；也可以是被动式的，即由云管平台定时向算力网关推送信息。资源池侧的算力网关将感知的算力信息通告给算力网络中的其他算力网关，用户侧的算力网关将收集的全网算力进行汇总处理，进而实现后续的算力选择和调度。

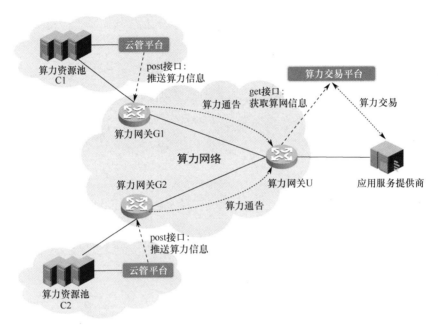

图 5-1　算力信息感知

2. 网络信息感知

网络信息感知通常包括对时延、带宽、丢包率、抖动等信息的感知。这些信息可以衡量算力资源与用户之间网络的质量，用户的业务不仅对计算等资源有要求，对网络的时延、吞吐量也有要求，因此网络信息感知可以为算力的选择提供综合性决策依据。以时延为例，由于算力资源池分布在不同位置，用户到资源池的网络路径也会根据网络堵塞状态发生变化，因此需要采用探测技术来获取用户与各个算力资源之间的时延信息。

网络信息感知如图 5-2 所示。算力网关的时延探测分为两部分：一是算力网关和算力资源池之间的时延探测；二是算力网关与算力网关之间的时延探测。其中，前者反映了资源池到出口网关的网络质量，后者反映了用户网关到各资源池的网络质量。可以使用 ping 等技术实现对时延的带外检测，也可以使用随流检测（In-situ Flow Information Telemetry，IFIT）等技术实现对时延的带内检测。

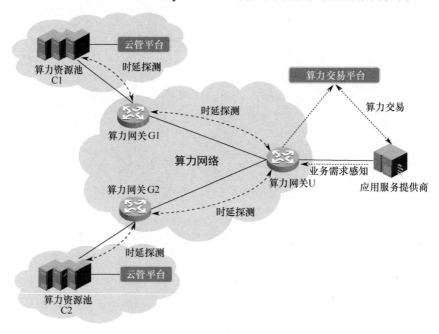

图 5-2　网络信息感知

网络信息感知是对网络动态的、综合的、全方位的信息感知，网络信息获取不限于上述几种探测技术，既可以利用算力网关之间的分布式探测技术获取，也可以通过网管平台等集中式管控平台获取。网络信息感知为算力和路径的选择提供了重要依据，是实现算力网络的关键技术。

3. 业务需求感知

除对算力资源和网络状况的感知外，算力感知还应具备感知用户业务需求的能力，从而实现业务对算力的精准匹配。

业务需求感知应设置在用户入口的算力网关处，由算力网关接收业务请求并感知业务需求，包括网络需求（如带宽、时延、抖动等）和算力需求（如算力请求类型、算力需求参数等），依据算力度量标准和特定的算法匹配可用算力。这样不仅能够精确匹配具体应用的业务需求，还能动态和实时地对算网进行调度，达到算力和网络的最优化。

业务需求感知技术可以通过特定的协议实现。例如，对 IPv6 协议头部字段进行扩展，如图 5-3 所示。可以采用"IPv6 标准头+目的选项头"的方式，利用扩展的字段携带应用的需求信息，包括带宽需求、时延需求、抖动需求、丢包率需求、计算和存储需求等。

0 1 2 3	4 5 6 7 0 1 2 3	4 5 6 7 0 1 2 3 4 5 6 7 0 1 2 3 4 5 6 7
Version	Trafiic Class	Flow Label
Payload length		Next Header = 60	Hop limit
Source Address (128bits)		
Destination Address (128bit)		
Next Header	Hdr Ext Len	Options Type	Opt Data Len
Option Data		

图 5-3　基于 IPv6 的业务需求感知报文格式

我们在算力网络实践中验证了基于 IPv6 扩展头携带应用算力需求的技术，即在用户侧定义应用数据报头为"IPv6 标准头+目的选项头"，其中 Next Header（下一个报头）为 60；Destination Address（目的地地址或目的地址）为用户网关的 IP地址；Options Type（可选类型）可以新增定义类型，如 0x1F，用于标识算力网络中的业务需求感知报文。在 Option Data（可选数据）中定义 TLV 格式[1]，用于标识应用的用户 ID、流 ID、服务等级、算力需求和网络需求等。这种扩展方式既不影响现网的转发规则，又能够实现算力网关对用户业务需求的感知，为实现业务算力需求与算力资源的精准匹配提供了关键数据。

5.2.2　算力路由技术实现方案

算力路由技术是算力网络的核心技术之一，其以算力感知技术收集的信息为

---

[1] TLV 是 Type（类型）、Length（长度）、Value（值）的缩写，TLV 是一种广泛应用于电子通信和数据存储的编码标准。

基础，将算力信息引入路由域，动态选择满足业务需求的"转发路径+目的服务节点"，沿指定的路径调度服务节点，从而实现算力和网络资源的全局优化。

算力网络的部署方案分为集中式、混合式和分布式 3 种场景。在集中式场景中主要依靠上层的算力管控平台实现算力资源的控制和调度，因此不涉及算力路由技术。本节将对混合式场景和分布式场景的算力路由控制展开介绍。

1. 混合式场景的算力路由控制

混合式场景的算力路由控制由算力交易平台、SDN 控制器和算力网关三者配合实现，其中算力交易平台和 SDN 控制器主要负责算力路由的控制面，算力网关主要负责算力路由的转发面。支持 SRv6 的算力网络如图 5-4 所示。

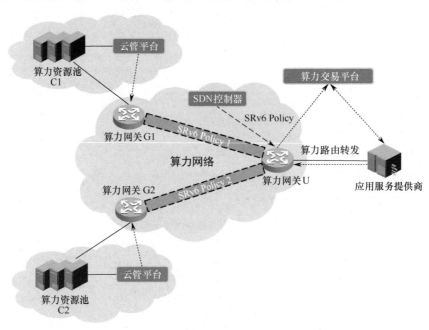

图 5-4　支持 SRv6 的算力网络

在混合式场景的算力路由技术实践过程中，我们部署了 SDN 控制器、算力交易平台和算力网关。其中 SDN 控制器可以采集算力网络拓扑，然后根据算力交易平台的算力交易结果向算力网关下发 SRv6 Policy，通过网络编排的方式形成算力与用户之间的路由控制。

在 SRv6 网络中，业务需求可以被翻译成有序的指令列表，由沿途的网络设备执行，实现网络业务的灵活编排和按需定制。SRv6 技术主要有 SRv6 BE（Segment Routing IPv6 Best Effort，即段路由 IPv6 "尽力而为"）和 SRv6 Policy（Segment Routing IPv6 Policy，即段路由 IPv6 策略）两种引流方式。SRv6 BE 通过内部网关协议（Interior Gateway Protocol，IGP）收敛得出最短路径，业务无法按照指定的路径转发。SRv6 Policy 可以在网络的任意节点之间进行路径规划。相比 SRv6 BE，使用 SRv6 Policy 不但可以满足用户网络在时延、带宽、抖动和可靠性等方面的差异化诉求，还能通过时延和带宽的精细化控制提高网络带宽利用率。

因此，在混合式场景中，SRv6 Policy 技术既能够实现算力网络的编排，保障算力资源与用户之间的路径确定性，又可以根据算力的实时变化实现算力的控制与调度。

2. 分布式场景的算力路由控制

混合式场景的算力路由控制主要由 SDN 控制器和算力交易平台实现，分布式场景的算力路由控制则完全由算力网关实现。算力网关将感知的算力信息和网络信息进行通告，并且由用户入口处的算力网关生成算力路由表项，形成用户业务需求与算力资源的协商和映射，这种机制需要依靠专门的算力路由协议完成。

算力路由协议的功能可以通过扩展传统路由协议的方式实现。在算力网络实践中，我国网络运营商提出对 BGP 和 OSPF 两种协议进行扩展，并制定了相关行业标准。

1）BGP 协议扩展

边界网关协议（Border Gateway Protocol，BGP）是一种在自治系统（Autonomous System，AS）之间的动态路由协议。BGP 主要利用路径属性和各种配置选项支持复杂路由策略，进而控制路由的传播和选择。

BGP 具备非常强大的扩展性，因此成为许多大型网络（包括 Internet）的核心路由协议。现代大型网络为了满足大量业务的需求，通常需要支持除第 4 版互联网协议（Internet Protocol Version 4，IPv4）单播外的其他协议，如组播、第 6 版互联网协议（Internet Protocol Version 6，IPv6）、多协议标签交换（Multi-Protocol Label Switching，MPLS）及各种虚拟专用网络（Virtual Private Network，VPN）选项。BGP 的多协议扩展新增了多协议可达网络层信息（Multi Protocol REACH Network Layer Reachability Information，MP_REACH_NLRI）和多协议不可达网络层信息（Multi-Protocol UNREACH Network Layer Reachability Information，MP_UNREACH_NLRI）两个属性，从而可以完成对各种协议的集成，形成对不同协议的路由控制和选择。

基于 BGP 强大的多协议扩展能力，可以利用 BGP update 消息中的路径属性预留字段格式来扩展并传递算力信息和网络信息。我们将这种扩展的 BGP 定义为算力边界网关协议（Computing Power BGP，CP-BGP）。

支持 CP-BGP 的算力网络组网如图 5-5 所示。

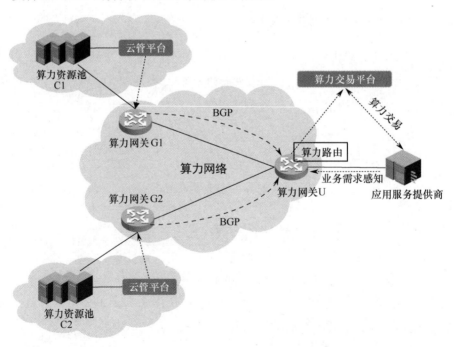

图 5-5   支持 CP-BGP 的算力网络组网

在算力网络中，算力资源池侧算力网关可以感知算力节点的算力信息和网络信息，将相应的信息填充到扩展的 BGP update 报文中，并通告给用户侧的算力网关。用户侧算力网关可以接收扩展的 BGP update 报文，解析算力信息和网络信息并生成 BGP 算力路由表。

请求评论（Request for Comments，RFC）4271 定义的 BGP update 报文格式如图 5-6 所示。

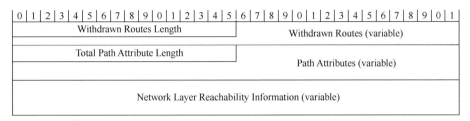

图 5-6　BGP update 报文格式

算力网络中的 CP-BGP 需要在 BGP/BGP4+ update 报文中定义新的 Path Attributes（路径属性）来承载算网信息，这种新定义的属性称作算力路由属性（Computing-aware Routing Attributes，CRA）。该属性支持在算力网络中通告算力网关感知的算力节点 IPv4/IPv6 地址、算力信息和网络信息等。按照 RFC 4271 的要求，Path Attributes 类型占 2 字节，并且分为 Attr.Flags（属性标签）和 Attr.Type Code（属性类型值）两个字段。因此，算力路由属性类型的格式如图 5-7 所示。

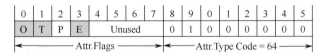

图 5-7　算力路由属性类型的格式

算力路由属性中 Attr.Flags 的 O、T、E 3 个比特位应设置为 1。O=1,T=1 表示该属性为可选且必须传递的属性，即不识别该属性的设备仍会接收该属性，并将其转发给其他 BGP 对等体。E=1 表示属性的长度扩展为 2 字节。算力路由属性的类型值可以定义为 64，即 Attr.Type Code=64。目前互联网数字分配机构（Internet Assigned Numbers Authority，IANA）和 IETF 等标准组织只分配使用了类型值 1～40、128、129、241～243，如果 IANA 和 IETF 中 Attr.Type Code=64 被用于其他属性的定义，可以进行相应的调整，或者与 IANA 或 IETF 协商后再调整。

算力路由属性格式如图 5-8 所示。

0 1 2 3 4 5 6 7	8 9 0 1 2 3 4 5	6 7 8 9 0 1 2 3 4 5 6 7 8 9 0 1
Attr.Flags = (O,T,E)	Attr.Type Code = 64	Attr.Length
Computing Node Type		
Computing-aware Routing Node Router-ID		
Computing Service ID (4 octets or 16 octets)		
Computing Node IP Address (4 octets or 16 octets)		
Length of Computing & Network Information		
Computing & Network Information (variable)		

图 5-8　算力路由属性格式

下面介绍算力路由属性中主要字段的含义。

（1）Computing Node Type。该字段表示算力节点所提供的算力类型，占用 1 字节，为必填字段。算力节点类型有算力资源和算力服务两个选项，具体定义如表 5-1 所示。

表 5-1　算力节点类型两个选项的定义

类 型 值	选 项 含 义	选 项 长 度
0x01	算力资源（Computing Resource）	8 bit
0x02	算力服务（Computing Service）	8 bit

（2）Computing-aware Routing Node Router-ID。该字段表示算力路由出口节点设备的 BGP 路由 ID，用于说明算力路由属性的来源，占用 4 字节，为必填字段。

（3）Computing Service ID。该字段表示算力节点所提供的算力服务 ID，服务 ID 通常为一个 Anycast 地址。该字段的长度取决于地址族指示符（Address Family Indicator，AFI）类型；IPv4 地址族占用 4 字节，IPv6 地址族占用 16 字节。该字段为可选字段，当算力节点类型为算力服务时，必须填充该字段；当算力节点类型为算力资源时，则不应填充该字段。

（4）Computing Node IP Address。该字段表示算力节点中算力资源实例或算力服务实例的 IP 地址。该字段的长度取决于 AFI 类型，IPv4 地址族占用 4 字节，IPv6 地址族占用 16 字节。该字段为必填字段。

（5）Length of Computing & Network Information。该字段表示算力信息选项和网络信息选项的总长度，占用 2 字节，为必填字段。

（6）Computing & Network Information。该字段表示算力节点的算力信息选项和网络信息选项。算力信息选项和网络信息选项由若干个 TLV<type，length，value> 三元组组成，type 占 1 字节，length 占 1 字节，value 的长度取决于 length。

算力信息选项的定义如表 5-2 所示。

表 5-2　算力信息选项的定义

类　型　值	选　项　含　义	选项长度
0x01	计算能力（Computing Capability）	64 bit
0x02	存储能力（Memory Capability）	64 bit
0x03	内存能力（Storage Capability）	64 bit
0x04	算力服务能力（Computing Service Capability）	64 bit

网络信息选项的定义如表 5-3 所示。

表 5-3　网络信息选项的定义

类　型　值	选　项　含　义	选项长度
0x11	带宽（Bandwidth）	32 bit
0x12	时延（Latency）	32 bit
0x13	抖动（Jitter）	32 bit
0x14	丢包率（Packet Loss Rate）	32 bit

除对 BGP update 报文扩展外，为了实现算力路由的分布式控制，BGP 的路由表和选路规则也发生了相应的变化。我们将算力网络中的 BGP 表项定义为 BGP 算力路由表项。传统 BGP 路由表项通常包括路由前缀、出接口、下一跳、BGP 路由属性（如 AS Path、路径开销、优先级）等，而 BGP 算力路由表项除包含传统 BGP 路由表项中的信息外，还应包含算力节点信息、算力因子和网络因子。BGP 算力路由表项内容如表 5-4 所示，其中算力因子和网络因子应作为选择 BGP 算力路由的重要依据。BGP 算力路由表项应包括本地的算力路由信息和从远端对等体收到的算力路由信息。

表 5-4　BGP 算力路由表项内容

算力节点信息	算力因子	网络因子	传统 BGP 路由信息
算力节点类型、算力节点 IP 地址、算力服务 ID 等	计算能力、内存能力、存储能力/算力服务能力（算力服务类型、分级）等	带宽、时延、抖动、丢包率等	出接口、下一跳、AS Path 等

与传统 BGP 路由的选路规则不同，BGP 算力路由应支持基于算力路由属性中算力因子和网络因子的选路。对算力因子敏感的算力服务可以优先对算力因子进行排序比较；对网络因子敏感的算力服务可以优先对网络因子进行排序比较。

算力路由节点可以根据算力节点类型或算力服务类型设定基于因子的默认选路顺序，也可以通过配置路由策略控制算力路由的选路规则。BGP 算力路由的选路方式可以基于因子顺序进行比较，也可以基于因子权重进行综合计算。

优选的 BGP 算力路由表项可以作为算力路由节点设备生成转发表的关键信息，用于控制业务流量的转发和调度，也可以为算网管控中心的集中式管控提供决策依据。

2）OSPF 协议扩展

在算力网络中，可以像扩展 BGP 一样对开放式最短路径优先（Open Shortest Path First，OSPF）协议进行扩展，基于 OSPF 路由协议的特点实现算力信息和网络信息在整个算力网络中的感知、通告与路由。在 CCSA 制定的行业标准中，网络运营商牵头制定了基于 OSPF 协议的算力路由协议扩展。

OSPF 是广泛使用的一种动态路由协议，该协议使用链路状态路由算法的 IGP，在单一 AS 内部工作。OSPF 协议是一种基于链路状态的协议，每个路由器负责发现、维护与邻居的关系，并将已知的邻居列表和链路开销用链路状态更新（Link State Update，LSU）报文予以描述，通过可靠的泛洪机制与 AS 内的其他路由器周期性交互，学习到整个 AS 的网络拓扑结构，并通过 AS 边界的路由器注入其他 AS 的路由信息，从而得到整个互联网的路由信息。每隔一个特定时间或当链路状态发生变化时，重新生成链路状态通告（Link-State Advertisement，LSA），路由器通过泛洪机制将新 LSA 通告出去，以实现路由的实时更新。

RFC 2328 OSPF 协议标准中定义了 7 类常用的 LSA 类型。为了支持对 OSPF 协议进行扩展，RFC 7684 定义了新增的 LSA 类型，即不透明 LSA（Opaque LSA）。目前路由段和 BIER-TE 等标准均利用 RFC 7684 对 OSPF 协议进行了扩展。

RFC 7684 定义了 OSPF 扩展前缀不透明 LSA，其格式如图 5-9 所示，允许带有扩展属性的路由进行通告。该 LSA 的类型为 7。

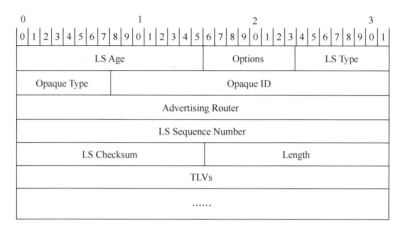

图 5-9　OSPF 扩展前缀不透明 LSA 格式

RFC 7684 还定义了 OSPF 扩展前缀 TLV，用于通告前缀关联的扩展属性，该 TLV 类型为 1。OSPF 扩展前缀 TLV 格式如图 5-10 所示。

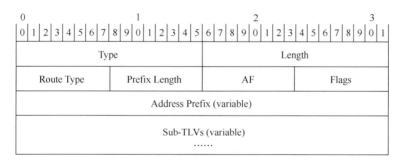

图 5-10　OSPF 扩展前缀 TLV 格式

利用 RFC 7684 定义的 OSPF 扩展前缀不透明 LSA 和 OSPF 扩展前缀 TLV 进行算力路由的扩展，其格式如图 5-11 所示。

各字段的含义如下。

（1）LS Type。该字段表示 Opaque LSA 的类型，分为 Type 9、Type10、Type11 三种，三者的泛洪区域不同。其中，Type 9 Opaque LSA 仅在本地链路范围内进行泛洪；Type10 Opaque LSA 仅在本地区域范围内进行泛洪；Type11 Opaque LSA 可以在一个自治系统范围内进行泛洪。

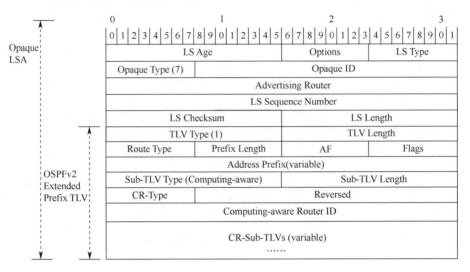

图 5-11 算力路由类型不透明 LSA 格式

（2）Opaque Type。将其定义为 7，代表 OSPF 扩展前缀不透明 LSA。

（3）Opaque ID。该字段表示 LSA 的唯一标识，用于区分不同的 LSA。

（4）TLV Type。将其定义为 1，代表 OSPF 扩展前缀 TLV，用来传递路由的扩展 TLV 信息。

（5）Route Type。该字段表示扩展路由的类型。其中，"1"代表 Intra-Area 域内；"3"代表 Inter-Area 域间；"5"代表 AS External，即自治系统外部；"7"代表 NSSA External，即末梢节区域外部（Not-So-Stubby-Area External，NSSA External）。

（6）AF。AF 全称为 Address-Family，表示前缀地址类型，目前只支持 0，代表 IPv4-unicast。

（7）Address Prefix。该字段表示算力路由前缀，可以为多条前缀信息。

（8）Sub-TLV Type。该字段定义不透明 LSA 为 Computing-aware 算力路由类型，TLV 承载的信息为算力路由信息，具体值由 IANA 分配，2、8、9 等已经分配给段路由扩展。

（9）Sub-TLV Length。该字段定义为算力路由类型 TLV 的总长度。

（10）Computing-aware Router ID。该字段定义为算力节点的路由 ID，表示该算力路由的来源。

（11）CR-Type。CR-Type 全称为 Computing-aware Route Type，定义为算力路由信息类型。CR-Type 为 1，代表类型为算力信息，具体内容由 CR-Sub-TLV 来描述。CR-Sub-TLV 对算力信息选项的定义如表 5-5 所示。

表 5-5　算力信息选项的定义

类　型　值	含　　义	长　　度
0x01	计算能力（Computing Capability）	16 bit
0x02	存储能力（Memory Capability）	32 bit
0x03	内存能力（Storage Capability）	32 bit

CR-Type 为 2，代表类型为算力服务的信息，其定义如表 5-6 所示。

表 5-6　算力服务信息选项的定义

类　型　值	含　　义	长　　度
0x04	算力服务能力（Computing Service Capability）	32 bit

OSPF 算力路由的选择与 BGP 类似，不仅包含传统的路由参数，还包含算力信息和网络信息等。OSPF 路径选择的结果应当受到算力信息和网络信息等参数的影响，综合计算得出最佳路径，指导算力资源或算力服务的选择，并将业务流量转发到对应的目的地。

5.3　算力网络控制层实践

5.3.1　技术方案选择

目前业界在算力网络控制层的实践分为"云调网""网调云"两种技术路线。

"云调网"是把多级分布的云资源池连接协同成统一的"一朵云"，进行云资源运营和管理。算力资源的调度主要由云侧完成，网络提供连接支撑。"网调云"

是通过算力网关将当前的算力状况和网络状况作为路由信息发布到网络中，网络将计算任务分配到相应的计算节点，主要在网络侧实现算力感知、算力路由等能力。

在"云调网"的技术路线上，中国电信天翼云推出了"息壤"平台，通过资源管理平台实现算力感知、算力注册、算力映射、算力建模等，对全网资源进行统一管理和使用，包括中心云、边缘云、第三方云、自建互联网数据中心（Internet Data Center，IDC）、客户现场节点等。通过算力调度引擎灵活的自定义调度策略能力，满足不同业务的需求，如云渲染、跨云调度、性能压测、混合云 AI 计算等。通过算力调度可视化能力，实现资源量、使用率、数据流调度过程可视化。

中国电信研究院通过落地实践，与各省公司、厂商沟通，有效解决了算力网络中多方异构资源接入的关键问题，算力网络技术路线采用"网调云"相关理论，为算力资源接入适配集中式、分布式、混合式等多套方案。根据需求与业务特点提供算力网关，同时在完善算力网关中的网络感知、算力感知能力的基础上，提出算力网关在分布式部署方案中的"转发流表"技术。该方案可运用"算力感知+网络感知"综合因子决策流量转发的目的地，这种去中心化的方式能有效提升转发效率，为智算、超算等领域提供丰富的网络能力。

5.3.2　算力网关实践

1. 算力网关概述

算力网关是实现云网融合、算力网络一体调度的基础，以算力度量、算力标识为依据，通过算力网关中的算力路由、算力感知等模块与功能，传输、发布相关算力策略，实现数据转发。算力网关是算力资源在网络中的重要接入点，通过相关协议扩展技术将算力网络中的各算力网关连通，获取所有被纳管在算力网络范围内的云资源池、虚拟资源和算力路由信息。算力网关采用开放式架构，致力于软硬件解耦，具有可编程能力，可以根据网络应用业务的需要随时增加和删除软件功能。

1）算力网关的主要功能

算力网关通过网络控制面分发服务节点的算力、存储、算法等资源信息，力图打破传统网络的界限，将网络传送能力与 IT 的计算、存储等基础能力更好地结合起来，实现全网资源的最优配置和使用，推动网络从泛在连接能力平台向融合资源供给平台升级演进。

算力网关作为算力资源在网络中的接入点，感知算力因子和网络因子信息，将其结合当前的计算能力状况和网络状况作为路由信息发布到网络中，将计算任务报文路由到合适的计算节点，以实现整体系统最优和用户体验最优。

2）算力网关的技术特点

算力网关在模块化解决方案设计中是将网络功能以软件模块的方式分为多个容器组件的解决方案。算力网关的核心是对云网络场景的扩展和对大规模控制面的需求。容器使算力网关具有很高的可扩展性，网络研发与运营管理人员可以快速引入第三方、专有功能或开源组件而不影响原始业务。算力网关还采用了 Redis[①]、Quagga、Ansible、Pupet、Chef 等开源技术，使算力网关获得更强的技术扩展能力。

Redis 数据库是算力网关的存储载体。Redis 为算力网关的所有软件模块构建了一个松耦合的通信载体，同时提供数据一致性、信息复制、多进程通信等机制。基于 Redis 的"publisher/subscriber"模型，需要通信的软件模块之间不必再建立全连接的复杂通信机制，彼此也不必关注对方的内部功能细节。一个软件模块只需要向 Redis 订阅其所关注的其他软件模块的数据即可。当其他模块的数据发生变化、被写入 Redis 后，Redis 会自动通知所有订阅这些数据的软件模块进行状态更新与信息处理。

构成算力网关系统的各个软件模块都被隔离在独立的 Docker 容器中。这样的架构既保证了各个软件模块与系统整体之间的逻辑相关性，又在最大程度上降低了各个软件模块之间的耦合度。容器架构使每个软件模块不必再关注自身所运行

---

① Redis 的英文全称为 Remote Dictionary Server，即远程字典服务。

的底层平台的相关性，从而使其开发的独立性大幅提升。一个软件模块的稳定性不会对系统整体的稳定性造成影响，系统的升级完全可以以软件模块为单位进行，并且这样的升级可以在系统运行的同时进行而不影响底层网络流量的转发。软件模块升级完成后，只需要重新启动对应的容器即可。

3）不同组网方案下的算力网关功能

由于集中式组网方案不涉及算力网关，因此在算力网关应用过程中主要考虑混合式和分布式两种组网方案。

（1）混合式组网方案。混合式组网方案如图 5-12 所示。

在混合式组网方案中，算网编排系统直接与资源池进行互通，并与算力网关设备连接，依靠其中的云管系统通过算力网关收集来自每个资源池的算力信息和链路状态信息，通过 SDN 控制器收集网络拓扑信息。算网编排系统负责确定算力节点和网络路径；云管系统与 SDN 控制器分别负责下发资源分配和路径选择配置。

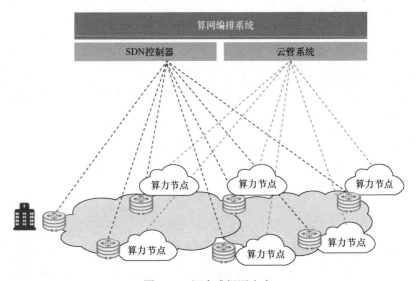

图 5-12　混合式组网方案

在混合式组网方案下，算力网关的主要功能包括获取算力节点的算力信息和链路信息、接收控制器下发的路径信息等。

（2）分布式组网方案。分布式组网方案如图 5-13 所示。

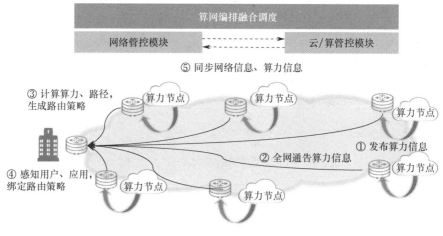

图 5-13　分布式组网方案

在分布式组网方案中，算力网关可以实现算力资源感知、资源分发、资源表项生成、策略定制等全部功能。除支持统一的算力网络协议栈外，算力网关还需要具备生成云网策略的能力，对网络进行调度和控制，实现由算力网关控制的分布式算力网络。

2. 算力网关设备整体架构

算力网关设备基于白盒交换设备，将网络中的物理硬件和网络操作系统（Network Operation System，NOS）进行解耦，将标准化的硬件配置与算力网络相关协议进行组合匹配。与传统的思科、华为等品牌交换机的概念不同，传统的黑盒设备从软件到硬件都是完全封闭开发的，封闭式架构给其功能扩展带来了不小的阻碍。而白盒交换机是一种软硬件解耦的开放网络设备，通常与 SDN 一起使用，具有灵活、高效、可编程等特点，极大地方便了算力网络相关协议的实现。

算力网关设备整体架构如图 5-14 所示。

1）硬件设备

硬件设备是算力网关系统运行的物理基础，主要由 CPU 芯片、网卡、存储、外围硬件、交换芯片等构成。

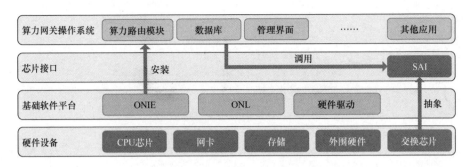

图 5-14　算力网关设备整体架构

（1）CPU 芯片。CPU 芯片是计算机系统运算和控制的核心硬件单元。

（2）网卡。网卡是一块被设计用来允许计算机在计算机网络上进行通信的硬件，分为用于设备管理的管理网卡和用于算力网关设备与网络中其他设备进行物理连接的业务网卡。

（3）存储。存储主要包括内存和硬盘，用于设备应用数据的存储和保存。

（4）外围硬件。外围硬件主要包括风扇、电源等用于维持设备正常运行的其他基础硬件。

（5）交换芯片。交换芯片主要提供高性能和低时延的交换能力，是算力网关的核心芯片，用于转发数据。它决定了算力网关的性能。

交换芯片负责交换机底层数据包的交换转发，是算力网关最核心的硬件。目前，算力网关设备支持 Barefoot Tofino 和 Broadcom StrataDNX Qumran2A（BCM88483）两种交换芯片。

Barefoot Tofino 交换芯片是业内首个支持协议无关交换架构（Protocol Independent Switch Architecture，PISA）的以太网交换 ASIC。Barefoot Tofino 为 16 nm 制程的交换芯片，采用 PISA，支持 64×100 Gbps 端口，可实现高达 6.5 Tbps 的处理速度，使用 P4 可编程语言实现数据包转发平面的编程。图 5-15 为 PISA 处理流程，数据包经由解析，通过多张流表进行匹配和动作操作，实现数据平面的协议无关转发。相比其他方式，PISA 提供的可编程性在实现过程中不会使用太多的功耗和成本。

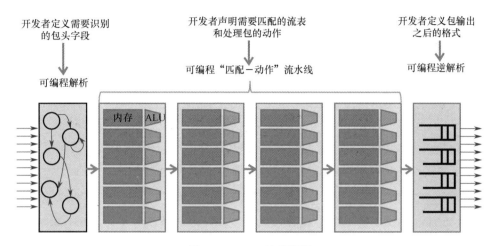

图 5-15　PISA 处理流程

Broadcom StrataDNX Qumran2A（BCM88483）为 16 nm 制程的交换芯片，提供最高 800 Gbps 的转发能力，其架构如图 5-16 所示。该交换芯片集成了 FlexE 接口。FlexE 可用于回程、传输和 DCI 应用，以更好地控制传输流量。此外，该交换芯片支持集中式、可替代的数据库和可编程元素矩阵，为数据包转发提供了更大的灵活性。

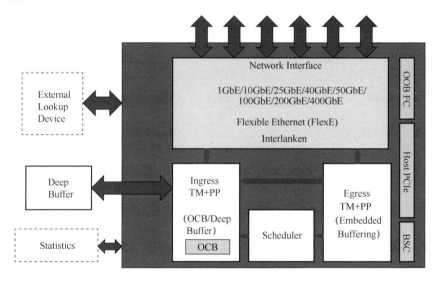

图 5-16　BCM88483 芯片架构

此外，我们正在积极寻求与其他硬件制造商合作，以开发基于国产转发芯片的算力网关和基于通用服务器 CPU 进行软转发的算力网关。

2）基础软件平台和芯片接口

（1）开源网络安装环境。开源网络安装环境（Open Network Install Environment，ONIE）为算力网关提供了一个开放的安装环境，实现了算力网关硬件和网络操作系统的解耦，支持在不同厂商的硬件上引导启动算力网关操作系统。当使用 ONIE 的设备首次启动时，引导加载程序会启动内核来运行 ONIE 的发现和执行程序，简称 ODE 程序。ODE 可以通过本地文件、动态主机配置协议（Dynamic Host Configuration Protocol，DHCP）、IPv6 邻居、mDNS/DNS-SD[①]等方式下载并运行操作系统安装程序。

（2）开源网络 Linux。开源网络 Linux（Open Network Linux，ONL）建立在开放的网络硬件上，向网关系统提供基础操作系统，为交换硬件提供管理接口。使用 ONIE 将 ONL 安装到板载闪存中。标准 ONL 发行版中的组件包括 Debian Linux 内核、一组设备驱动程序、安装脚本和具有网络启动功能的零接触网络启动加载程序，并针对各种裸机交换设备定制了增强的网络启动功能。

（3）交换机抽象接口。交换机抽象接口（Switch Abstraction Interface，SAI）是一种标准化的 API，涵盖多种功能，可以将其看作一个用户级驱动。使用者不需要担心硬件厂商的约束，不用关心其底层的交换芯片、网络处理单元或其是否为一台软件交换机，可以采用统一的方式对其进行管理适配。同时，SAI 可以极大地简化芯片厂商的软件开发工具包（Software Development Kit，SDK）。

在不同的 ASIC 芯片上，SAI 为上层应用提供了统一的 API 接口。SAI 的具体实现由不同的 ASIC 芯片提供商负责，其中以 Microsoft、Dell、Facebook、Broadcom、Intel、Mellanox 等为代表。使用者不需要关心网络硬件供应商的硬件体系结构的开发和革新，通过始终一致的编程接口就可以很容易地应用最新、最好的硬件。

SAI 本质上是在各 ASIC 的 SDK 之上再做一层统一的抽象，芯片厂商研发的

---

① mDNS 的英文全称为 Multicast Domain Name System，即组播域名系统；DNS-SD 的英文全称为 Domain Name System Service Discovery，即域名系统服务发现。

ASIC 的 SDK 需要与这层抽象进行适配,使转发的应用能够在不同的 ASIC 上运行。SAI 向上为 NOS 提供了统一的 API 接口,向下可以对接不同的 ASIC。

3)算力网关操作系统

算力网关操作系统基于社区版本的 SONiC 系统开发,通过拓展协议和网关接口等能力实现了算力网络所需的相应功能。其架构由各种模块组成,这些模块通过集中式和可扩展的基础架构进行交互。该系统架构依赖 Redis 数据库引擎的使用:一个键值数据库,提供独立于语言的接口,是一种在所有 SONiC 子系统之间进行数据持久化、复制和多进程通信的方法。依赖 Redis 引擎基础架构提供的发布者/订阅者消息传递模型,应用程序可以仅订阅它们需要的数据,并避免与其功能无关的实现细节。

算力网关操作系统将每个模块放置在独立的 Docker 容器中,以保持语义相似组件之间的高内聚性,同时减少不相关组件之间的耦合。每个组件都被设计得相对独立,摆脱了平台和底层交互的限制。当前,算力网关操作系统主要包括 BGP、Web、Database、SWSS、Syncd、Teamd、Pmon、SNMP、DHCP-relay、LIDP 等容器。

图 5-17 显示了每个容器中所包含功能的高级视图,以及这些容器之间如何交互。然而,并非所有应用程序都与其他组件交互,因为其中一些应用程序从外部实体收集它们的状态。系统的大部分组件都包含在 Docker 容器中,在 Linux 主机系统中也有一些关键模块。系统的配置模块(sonic-cfggen)和命令行界面(Command-Line Interface,CLI)就是这种情况。一个容器中包含 3 个关键组成部分:硬件(Hardware)、内核空间(Kernel Space)、用户空间(User Space)。其中,硬件提供物理基础;内核空间管理硬件并与其直接交互;用户空间则在内核空间提供的接口之上运行应用程序。这种层次结构既保证了系统的安全性和稳定性,又方便了应用程序的开发和运行。

下面介绍各模块的具体功能。

(1)BGP 容器。BGP 容器(BGP Container)运行支持的路由协议。尽管容器是以 BGP 协议命名的，但实际上还可以运行各种其他协议，如 OSPF、中间系统到中间系统（Intermediate System To Intermediate System，ISIS）等。

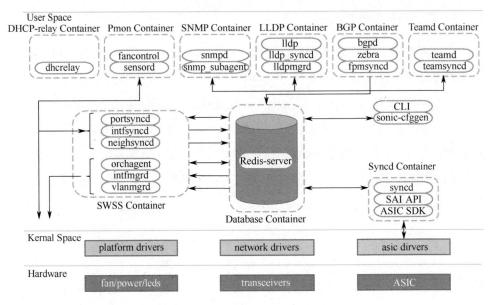

图 5-17　算力网关 Docker 容器

BGP 容器的功能细分如下。

① bgpd：常规 bgp 协议功能。来自外部各方的路由状态通过常规 tcp/udp 套接字接收，并通过 zebra/fpmsyncd 接口向下推送到转发平面。

② zebra：充当传统的 IP 路由管理器。也就是说，zebra 提供跨不同协议的内核路由表更新、接口查找和路由重新分配服务。zebra 还负责将计算所得的转发信息库（Forwarding Information Base，FIB）下推到内核（通过 netLINK 接口）和转发过程中涉及的南向组件〔通过转发平面管理器（Forwarding Plane Manager，FPM）〕。

③ fpmsyncd：负责收集 zebra 生成的 FIB 状态并将其内容转储到 Redis 引擎内的应用程序数据库表（APPL_DB）中的小型守护进程。

（2）数据库容器。在数据库容器（Database Container）运行 Redis 数据库引擎，系统应用程序可以通过 Redis-daemon 开放的 UNIX 套接字访问此引擎中保存的数据库。以下是 Redis 引擎托管的主要数据库。

① APPL_DB：存储所有应用程序容器生成的状态，如路由、下一跳、邻居等。这是所有希望与其他子系统交互的应用程序的南向入口点。

② CONFIG_DB：存储由系统应用程序创建的配置状态，如端口配置、接口、VLAN 等。

③ STATE_DB：存储系统中配置的实体的关键操作状态。此状态用于解决不同子系统之间的依赖关系。例如，LAG portchannel（由 Teamd 子模块定义）可能指系统中存在或不存在的物理端口。另一个例子是 VLAN 的定义（通过 vlanmgrd 组件），它可能配置系统中不存在的虚拟端口。本质上，该数据库存储了所有被认为是解决跨模块依赖关系所必需的状态。

④ ASIC_DB：存储必要的状态来驱动交换芯片的配置和操作。这里的状态以交换芯片友好的格式保存，以简化 syncd 和交换芯片 SDK 之间的交互。

⑤ COUNTERS_DB：存储与系统中每个端口关联的计数器/统计信息。此状态可用于满足 CLI 本地请求，或者为远程消费提供遥测通道。

（3）交换机状态服务容器。交换机状态服务容器（SWSS Container）由一组工具组成，允许所有 SONiC 模块之间进行有效通信。如果说数据库容器擅长提供存储功能，那么 SWSS 容器侧重提供机制来促进各模块之间的交互。

SWSS 容器负责与系统应用层进行北向交互的进程（fpmsyncd、teamsyncd 和 lldp_syncd 进程除外，它们分别在 bgp、teamd 和 lldp 容器中运行）。无论这些进程在何种环境（在 SWSS 容器内部或外部）下运行，它们都有相同的目标：提供系统应用程序和系统集中式消息基础设施（Redis 引擎）之间连接的方法。这些守护进程通常由以下命名规则来标识：*syncd。以下为该容器的关键组件。

① portsyncd：监听端口相关的 netLINK 事件。在启动期间，portsyncd 通过解析系统的硬件配置文件获取物理端口信息。在这种情况下，portsyncd 最终会将所有收集的状态推送到 APPL_DB 中（端口速度、通道和 mtu 等属性通过此通道传输）。portsyncd 还将端口状态注入 STATE_DB 中。

② intfsyncd：监听接口相关的 netLINK 事件，并将收集的状态推送到 APPL_DB 中。与接口关联的新的/更改的 IP 地址等属性由此进程处理。

③ neighsyncd：监听由地址解析协议（Address Resolution Protocol，ARP）处理新发现的邻居触发的与邻居相关的网络链接状态。mac 地址和邻居的地址族等属性由该守护进程处理。此状态最终将用于构建二层重写数据平面中所需的邻接表。所有收集的状态最终都被传输到 APPL_DB 中。

④ teamsyncd：在 Teamd 容器中运行。与前面的情况一样，获得的状态被推送到 APPL_DB 中。

⑤ fpmsyncd：在 BGP 容器中运行。同样，收集的状态被注入 APPL_DB 中。

⑥ lldp_syncd：在 Lldp 容器中运行。

上述进程显然充当了状态生产者，因为它们将信息注入由 Redis 引擎表示的发布者–订阅者模型中。但显然，必须有另一组进程充当订阅者，以消费和重新分配所有这些注入的状态。以下基于发布者–订阅者模型的守护进程正是这种情况。

① orchagent：SWSS 容器中最关键的组件。orchagent 提取*syncd 守护进程注入的所有相关状态的逻辑，并对这些状态信息进行处理，最后将它们推送到南向接口。这个南向接口是 Redis 引擎（ASIC_DB）中的另一个数据库，因此正如我们所见，orchagent 既作为订阅者运行（如来自 APPL_DB 的状态），也作为发布者运行（此时的状态被注入 ASIC_DB 中）。

② intfmgrd：对来自 APPL_DB、CONFIG_DB 和 STATE_DB 的状态做出反应，以在 Linux 内核中配置接口。只有当任何被监视的数据库中都没有冲突的或不一致的状态时，系统才会执行此步骤。

③ vlanmgrd：对来自 APPL_DB、CONFIG_DB 和 STATE_DB 的状态做出反应，以在 Linux 内核中配置 VLAN 接口。与 Intfmgrd 的情况一样，只有当没有满足的相关状态/条件时，系统才会尝试执行此步骤。

（4）同步服务容器。同步服务容器（Syncd Container）的目标是提供一种机制，允许交换机的网络状态与交换机的实际硬件/ASIC 同步。这包括交换机的 ASIC 当前状态的初始化、配置和收集。以下是同步服务容器中的主要逻辑组件。

① syncd：负责执行上述同步逻辑的进程。在编译时，syncd 链接硬件供应商提供的 ASIC SDK 库，并通过调用接口的方式将状态信息注入 ASIC_DB 中。syncd 订阅 ASIC_DB 以从 SWSS 发布者那里接收状态，同时注册为发布者以推送来自硬件的状态。

② SAI API：SAI 定义了 API，以一种独立于供应商的方式控制转发元素。例如，以统一的方式交换 ASIC、NPU 或软件交换机。

③ ASIC SDK：硬件提供商提供的通用软件接口，用于访问 ASIC_DB。此实现通常以动态链接库的形式提供，它被连接到负责驱动其执行的驱动进程（在本例中为 syncd）。

（5）管理服务容器。管理服务容器（Teamd Container）的作用是在 SONiC 设备中运行链路聚合功能（LAG）。teamd 是 LAG 协议基于 Linux 的开源实现。teamsyncd 进程允许 teamd 和南向子系统之间的交互。

（6）节点管理服务容器。节点管理服务容器（Pmon Container）负责运行 sensord，这是一个守护进程，用于定期记录来自硬件组件的传感器读数，并在出现异常情况时发出警报。节点管理服务容器还托管 fancontrol 进程以从相应的平台驱动程序中收集与风扇相关的状态。

（7）简单网络管理协议容器。简单网络管理协议容器（SNMP Container）主要负责托管 SNMP 功能。此容器中有以下两个相关进程。

① snmpd：负责处理来自外部网络元素的传入 snmp 轮询的实际 snmp 服务器。

② snpm_subagent：这是 SONiC 对 AgentX snmp 子代理的实现。该子代理向主代理（snmpd）提供从 Redis 引擎中的 SONiC 数据库收集的信息。

（8）动态主机配置协议中继容器。动态主机配置协议中继容器（DHCP-relay Container）在网络中的主要作用是在不同子网之间转发动态主机配置协议消息，以实现对分布在不同网络段的设备的 IP 地址及其他网络参数的自动分配和管理。DHCP-relay 代理可以将 DHCP 请求从没有 DHCP 服务器的子网中继到其他子网上的一个或多个 DHCP 服务器。

（9）链路层发现协议容器。顾名思义，链路层发现协议容器（LLDP Container）承载 LLDP 功能。在此容器中运行的相关进程有以下几个。

① lldp：具有 lldp 功能的实际 lldp 守护进程。这是一个与外部对等方建立 lldp 连接以通告/接收系统功能的进程。

② lldp_syncd：负责将 lldp 状态信息发送到系统消息队列。通过这样做，lldp 状态将被传递给对使用此信息感兴趣的应用程序（如 snmp）。

③ lldpmgrd：该进程为 lldp 守护进程提供增量配置功能，通过在 Redis 引擎中订阅 STATE_DB 实现该进程。

（10）CLI/sonic-cfggen。该容器负责提供 CLI 功能和系统配置功能。其中，CLI 组件基于 Python 的 Click 库为用户提供灵活且可定制的方法以构建命令行工具；sonic-cfggen 组件由命令行调用以执行配置更改或任何需要与各个模块进行配置相关交互的操作。

3. 算力网关研发实践

1）算力网关研发

下面将详细介绍在算力网关研发过程中的主要模块设计、交互流程、编译环境准备、编译方法及注意事项等内容。

（1）主要模块设计。

① 算力感知模块。算力感知模块支持解析云网管理平台下发的算力信息，并对外开放 get 接口供第三方获取算力路由信息；对外提供白盒设备业务配置。

算力感知模块流程如图 5-18 所示。

算力感知模块主要包括 post 和 get 两个接口，用于与云管平台进行算力信息的交互和上报。

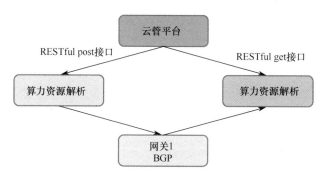

图 5-18　算力感知模块流程

a．post 接口（云网下发接口）。其请求参数如表 5-7 所示，其响应参数如表 5-8 所示。

表 5-7　post 接口请求参数

数　据　项	类　　型	数据项描述	是否为必需项
data	Json	配置文件，需要包含全量资源信息	是

表 5-8　post 接口响应参数

数　据　项	类　　型	数据项描述	是否为必需项
code	Integer	响应码（如"200"表示成功）	是
msg	String	响应信息（成功或失败的原因）	是

- 接口 URI：<网关 IP>/api/v1/nodes。

- 请求方式：HTTPS post。

- 接口认证：HTTPS 请求头 header 中添加 token。

- 数据交互格式：application/json。

b．get 接口（云网查询接口）。其请求参数如表 5-9 所示，其响应参数与表 5-8 相同。

表 5-9　get 接口请求参数

数　据　项	类　　型	数据项描述	是否为必需项
data	Json	返回数据	是

- 接口 URI：<网关 IP>/api/v1/route。

- 请求方式：HTTPS get。

- 数据交互格式：application/json。

② 算力路由模块。算力路由模块负责算力网关之间算力信息的交互。通过 BGP 报文传递算力信息和网络信息等。

算力路由模块主要包括 bgpcfgd、vtysh、zebra、bgpd、EXrt_syncd 等几部分。

- bgpcfgd：负责将算力网关中的信息转换成算力路由模块后台进程的配置，然后通过 vtysh 进行配置。

- vtysh：算力路由模块后台进程的配置命令行。

- zebra：算力路由模块内各进程之间通过 zebra 进行交互。

- bgpd：BGP 协议实现的模块，负责 BGP 报文交互和算力网关之间路由信息的同步。

- EXrt_syncd：负责将 bgpd 中的算力路由信息同步到本地算力路由表。

（2）交互流程。

算力路由节点之间通过扩展的 BGP update 报文进行算力路由通告，算力路由通告可以由算力路由出口节点根据算力感知的信息主动触发更新，也可以由用户业务需求触发算力路由更新。因此，将 BGP update 报文的更新方式分为算力感知触发和用户业务需求触发两种情况。

① 算力感知触发。算力感知触发指算力节点向算力路由出口节点推送感知信息，出口节点设备的 BGP 感知算力信息和网络信息的变化，产生协议联动，并触发 BGP update 报文的打包和发送。

算力感知触发适用于算力节点能够主动和实时推送算力资源或算力服务信息变化的场景。为了避免算力节点信息的变化频率过高导致算力路由频繁更新和振荡，应在算力路由出口节点（路由发送端）设置算力节点信息变化阈值或最短发包间隔，当信息变化超过阈值或达到最短发包间隔时，再触发 BGP update 报文的打包和通告。阈值或最短发包间隔的设置应保证该场景算力路由的更新频率接近或小于传统路由的更新频率。

　　算力感知触发的 BGP 路由交互流程如图 5-19 所示。

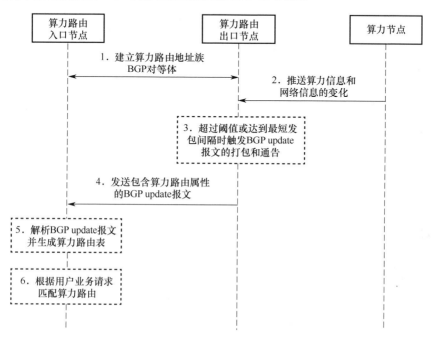

图 5-19　算力感知触发的 BGP 路由交互流程

　　② 用户业务需求触发。用户业务需求触发指算力路由的入口节点收到用户发来的算力需求请求，触发向 BGP 对等体发送算力路由地址族的 Route-Refresh 报文，BGP 对等体收到 Route-Refresh 报文后，主动向算力节点请求获取最新的算力信息和网络信息，然后将算力信息和网络信息打包成算力路由进行发布。

　　用户业务需求触发适用于算力节点不能主动或实时推送算力资源或算力服务信息变化的场景，并且算力节点信息变化频率较低。为了避免在短时间内大量用户发送业务算力需求导致算力路由频繁更新的情况，应在算力路由入口节点（Route-Refresh 报文发送端）设置最短请求间隔，从而降低算力路由的更新频率。因为 Route-Refresh 报文会触发地址族全量路由的更新，所以在最短请求间隔内可以保障算力路由表的时效性。

用户业务需求触发的 BGP 路由交互流程如图 5-20 所示。

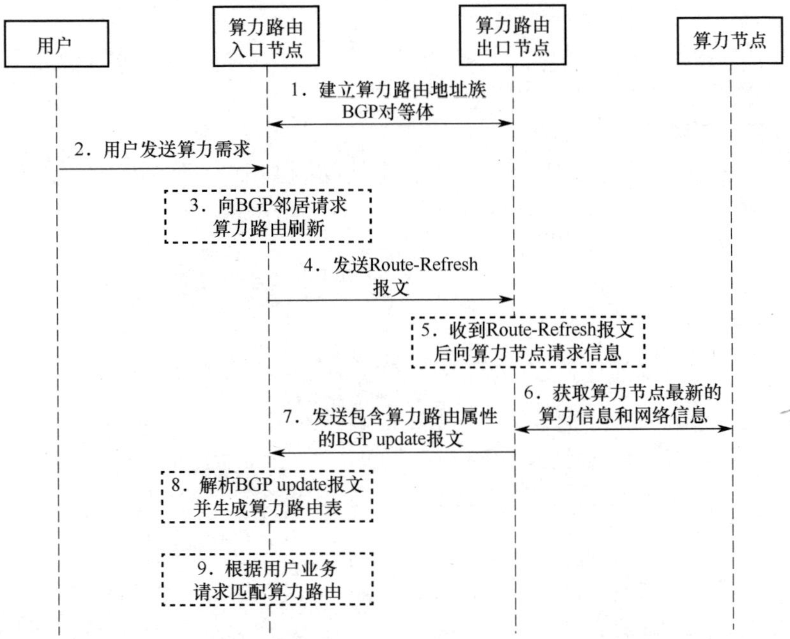

图 5-20 用户业务需求触发的 BGP 路由交互流程

（3）编译环境准备。

编译环境主要包括硬件环境和软件环境两方面。

在硬件环境上，主要需求包括 CPU、内存、硬盘等，具体需求如表 5-10 所示。

表 5-10 硬件环境需求

CPU	内　　存	硬　　盘	虚拟化能力
大于 8 核	大于 16 GB	大于 300 GB	支持

如果在虚拟机中进行编译，需要确保支持嵌套虚拟化。在某些情况下，如在构建 Open-vSwitch 镜像时，还需要额外的配置选项来向虚拟机开放完整的 KVM 接口。

在软件环境上，建议在 Ubuntu 20.04 版本系统下进行编译，需要安装 git、make、python3-pip、j2cli、npm、nodejs 及 Docker 等基础工具，并将当前用户添加到 Docker 用户组。此外，还需要安装一些 Python 的依赖文件。软件环境需求具体如表 5-11 所示。

表 5-11　软件环境需求

依　赖　项	版　本	依　赖　项	版　本
bcrypt	3.1.7	PyNaCl	1.4.0
cffi	1.14.3	pyparsing	2.4.7
chardet	2.3.0	pyrad	2.2
command-not-found	0.3	pysmi	0.3.4
crypto	1.4.1	pysnmp	4.4.12
cryptography	3.1.1	python-apt	1.1.0b1+ubuntu0.16.4.9
cycler	0.10.0	python-dateutil	2.8.1
kiwisolver	1.1.0	python-debian	0.1.27
language-selector	0.1	python-systemd	231
matplotlib	3.0.3	pytz	2020.1
Naked	0.1.31	PyYAML	5.3.1
netaddr	0.7.19	radius	0.0.4
numpy	1.18.5	requests	2.9.1
paramiko	2.7.2	requests-toolbelt	0.9.1
Pillow	7.2.0	setuptools	20.7.0
pip	20.3.4	shellescape	3.8.1
ply	3.11	six	1.10.0
psutil	5.8.0	ssh-import-id	5.5
pyasn1	0.4.8	tacacs-plus	2.6
pycparser	2.20	tornado	6.0.4
pycrypto	2.6.1	ufw	0.35
pycryptodomex	3.9.9	unattended-upgrades	0.1
pycurl	7.43.0	urllib3	1.13.1
pyDes	2.0.1	wheel	0.29.0
pygobject	3.20.0	wxgl	0.5.4
pymongo	3.10.1	xlrd	1.2.0
PyMySQL	0.10.1	XlsxWriter	1.2.9

（4）编译方法及注意事项。

① 编译方法。

a．通过 sudo modprobe overlay 命令确保编译系统 overlay 模块已经开启。

b．打开代码目录。

c．通过 git checkout [版本号]选择编译的代码版本（该步骤为可选项）。

d. 执行 make init 命令，对编译进行初始化，下载目录下的子代码仓库并给相应的目录打补丁。

e. 执行 make configure PLATFORM=[转发芯片版本]命令，编译对应转发芯片版本的算力网关系统。

f. 执行 make all 命令进行编译。

② 注意事项。

a. 目前，算力网关系统支持 barefoot、broadcom 转发芯片和虚拟机版本的编译。

b. 可以通过添加 SONIC_BUILD_JOBS=n（n 为并行编译模块数）参数增加同时编译模块的数量，提高编译效率。但由于部分模块之间在编译时存在依赖关系，n 取值过大可能会导致编译错误。

c. 在编译过程中需要保障/var/lib/docker 目录下有足够的存储空间，否则编译时将报错 "Cannot write: No space left on device"；如系统盘空间不足，可以通过修改 Docker 配置将 Docker 缓存目录移动至数据盘。

d. 可以通过 make target/[对应模块名]针对性地编译指定模块。

2）网关部署方案

在资源侧和用户侧部署算力网关，将网关和云管平台数据接口进行对接，将资源侧和用户侧网关之间的网络打通并建立 BGP 邻居，即可完成算力网关的部署。根据部署环境的不同，可以将部署方式分为硬件部署和虚拟化部署。对于业务量大、对稳定性需求高且设备便于更换的场景，推荐使用硬件部署方式；对于业务量弹性大、对灵活性需求高且设备不便于更换的场景，推荐使用虚拟化部署方式。

3）测试方法

测试方法见本书附录 A。

Chapter

第 6 章
基于 ITU-T Y.2501 的算力网络服务层实践

数字经济的发展推动了数字产权交易的发展。随着无人驾驶、智慧金融、VR等智慧化部署场景的不断涌现，人们提出了大连接、高算力、强安全的服务要求，对算网能力的个性化交付需求开始增长，算力资源开始具备产权特征。在此基础上，算力具备了可交易的属性，如何通过智能化交易的方式为各行各业提供算网服务越来越受到业内关注。

6.1 基于 ITU-T Y.2501 的算力网络服务层概述

在 ITU-T Y.2501 定义的算力网络体系架构中，算力网络服务层是连接算力网络与用户服务的桥梁，南向与算力网络控制层连接，从控制层接收整网资源信息，北向与算力业务连接，获取业务的需求和实时状态，并根据业务的需求动态生成以用户为中心的算力网络资源视图。用户可以根据资源视图选择最佳算力资源，选择的结果将被发送到算力网络控制层占用资源并建立网络连接。在算力网络服务层，用户需求的感知和最佳资源的选择可以通过用户主动上报的方式实现，也可以结合人工智能技术对业务需求的变化进行动态预测，并根据场景模型为用户匹配最佳算力资源。

算力网络服务层为算力供需双方或多方提供撮合服务，包括资源需求匹配、服务合约、资源调度部署等整个流程。而算力资源的撮合包括两种形式，一种是算力交易，另一种是集中作业调度。

随着算力网络技术与应用的不断推进和发展，面向算力资源交易的需求不断增长，需求方对算力资源的功能、性能、部署要求也日益复杂多样，因此算力交易平台开始兴起。在此背景下，算网交易一体化平台应运而生。该平台能够整合各方、各类、各级算力。算力需求方根据自身应用的运行和运营要求，对算网交易一体化平台提出了技术性要求和价格等方面的偏好。算网交易一体化平台为算力需求方进行算力供给的匹配撮合，实现算网统一交付。同样对算力有很高需求的科学计算领域也在不断探索算力的交付与部署技术。通常高性能、高通量的计算作业特别是科学计算，会在超级计算机上运行，占用海量的计算、存储资源，这种计算模式安全、快速，但成本高昂，难以普及。那些对算力需求较高，但对算力硬件资源松耦合的计算作业，可以通过算力网络服务层完成统一集中的作业分解和融合调度，实现分布式计算，充分应用分散的、异构的算力资源。

6.2 算力网络服务的内涵

算力网络服务目前主要包括算力交易服务和高通量作业调度服务两大类，接下来将分别展开介绍。

6.2.1 算力交易服务

1. 算力资源交易服务发展的动力

2020 年 3 月，中共中央、国务院印发了《关于构建更加完善的要素市场化配置体制机制的意见》，分类提出了土地、劳动力、资本、技术、数据 5 个要素领域的改革方向，明确了完善要素市场化配置的具体举措。这是中央文件首次明确将数据作为生产要素之一，也回答了数字经济的政策依据是什么，即数字经济是以数据资源为关键要素的。

算力是新型生产力。同数据一样，算力要想成为生产要素，必须可交易。这是算力网络建立算网交易一体化平台的内在驱动力。同时，随着网络运营商、专业云资源大厂进入算力资源市场，各类云计算中心不断完善，算力资源中心在各类行业应用的推动中打破了原有的孤岛态势，各类算力中心、边缘计算中心之间的数据大量地转移、流动。各类算力数据的流动亟须算网交易一体化平台提供可靠、可信、可管、供需契合的服务。

从算力资源角度来讲，资源供需方的形态呈现出多样化趋势。算力资源包括各类公有云资源池、行业云资源、企业自有云资源、边缘计算资源池，以及大型智算资源，乃至超大规模的超算资源等。而算力提供方可以是大型云服务运营商、网络运营商、国家级/企业级/地方级超级计算中心服务商，也可以是专业的行业应用云资源商，还可以是中小型企业甚至个人。算力需求方主要是行业用户或企业单位，也可以个人用户；可以是中小企业，也可以是大型/超大型企业。不同的算力需求方对于算力资源的成本、技术性能、需求量及安全性等的需求和偏好不尽相同。同时，各类应用（包括游戏类、VR/AR/MR 类、新闻类、视频/直播类、社交类等）支持云化部署，不同种类的应用对算力资源的需求差异日益加大，有的需要多点部署，有的需要云边协同，有的对网络带宽和时延要求较高等。

算力资源形态的多样化、供需多方的个性化及云化部署应用的复杂化等各种因素综合起来，促使算力网络必须构建多方参与的算网交易一体化平台。该平台可以实现各类需求和要素的合理流动，使算力需求与算力资源实现合理的匹配；通过平台化的交易撮合，优化各类各级算力资源的配比，实现资源最优整合，大幅降低企业使用算力资源的成本和门槛。同时，在算力资源交易的基础上，可以实现算力网络商业模式的创新，有利于打造面向行业的创新生态系统。如何通过智能化交易的方式为各行各业提供算力服务越来越受到业内的关注。

算力网络服务层将算力提供方的各类算力资源按需提供给算力需求方，包括但不限于算力提供方的资源接入、对算力需求方的资源需求和各类业务/应用场景需求的解析等，通过交易为算力需求方匹配最佳资源。

2. 算力交易的概念

以 5G 为代表的通信技术不断取得突破并实现规模化商用，通信赋能千行百业。同时，信息技术的智能化发展深入到社会和产业中，带动了数字经济的蓬勃发展。根据中国信息通信研究院发布的《全球数字经济白皮书（2023 年）》，51 个主要国家的数字经济增加值规模为 41.4 万亿美元，同比名义增长 7.4%，占 GDP 的 46.1%。数字经济有力地推动了产业数字化，引领了第三产业的转型发展。数字经济的快速发展推动了数据的不断增长。各行各业在数字化转型和应用中不断生产和存储巨量的生产数据、商业统计信息、科学实验数据、物流统计信息等。数据资源成为具备交易价值的生产要素是一个渐进的过程，包括生产、分配、流通、消费等各个环节。数据生产主要包括采集、汇集、处理、存储、分析。经过数据管理与治理、数据资源库建设与数据价值挖掘等，形成数据资源。经过数据资产确认与管理、数据资产库建设与运营等，形成数据资产。

数据在加速生产的同时，其价值不断提升，数据已经成为各企业最重要的资产。是资产就有交易的潜力和需求，经济实体、产业链上下游企业在进行数据交易时，需要交易平台的支撑。数据是以数字化形式存在的，因此可以被轻易地复制和在网络上传输，这一点是数据与实物商品之间的本质区别。数据资产的企业提供方担心在数据交易过程中可能造成商业机密的泄露和利益的损失；个人提供方则担心在数据交易过程中可能造成自身隐私的泄露。如何在交易过程中保护相关参与方的利益，对数据资产的交易平台提出了很大的挑战。

数据交易的模式有两种：间接托管模式和直接交易模式。

间接托管模式如图 6-1 所示。在间接托管模式下，数据资产提供方（企业机构或个人）将数据上传到第三方数据资产方交易平台，数据需求方则通过平台进行查询。供需双方不直接接触，数据资产交易平台负责数据交易的全流程及交易安全。

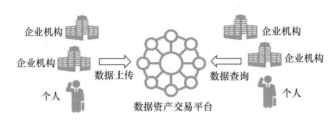

图 6-1　间接托管模式

直接交易模式如图 6-2 所示。

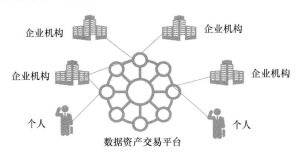

图 6-2 直接交易模式

在直接交易模式下，数据资产交易平台提供交易撮合功能，各数据资产提供方（企业机构或个人）存储和管理各自所拥有的数据资产，数据资产交易平台不负责数据存储和管理。数据资产提供方在数据资产交易平台注册，填写数据资产的信息（包括属性、特点、价格等）。数据需求方登录数据资产交易平台，对数据资产提供方的数据资产信息进行浏览、查询，当其对某项数据资产感兴趣时，将通过数据资产交易平台与数据资产提供方沟通、洽谈，达成一致后直接完成交易。在此模式下，有一对一的平台撮合交易，也有一对多的多方撮合交易。

两种模式相比，直接交易模式更安全，由于数据资产由提供方存储和管理，更有利于保护提供方的利益，数据资产不易被窃取或泄露。但是，在直接交易模式下，交易双方直接进行交易，缺乏统一的平台和支付工具，导致不同交易双方的交易流程、支付方式不统一、不标准，数据资产交易平台难以对交易过程进行监督，也难以对数据资产提供方的信誉、服务质量及数据资产的质量进行跟踪和评估。因此，直接交易模式最终会向间接托管模式演进。

算力交易与数据交易类似，但比数据交易更复杂。算力交易通过平台聚合多方（包括资源提供方、应用提供方、算力需求方），提供安全可信的资源与需求的匹配撮合。交易撮合完成后，平台还需要为交易双方提供算网资源的编排，应用在多方资源池的部署、运行交付等服务，这一点与普通的数据交易有很大区别。

3. 算力交易服务的发展演进

数据资产交易平台首先要解决的是数据隐私、数据安全保护等核心问题，以促进数据产品安全有序地实现市场化。数据资产交易过程需要完成数据登记、融合计算、个性化安全加密等一系列信息生产和再造，形成闭合环路。因此，隐私计算和区块链技术被引入数据资产交易平台，"数据可用不可见"已经成为数据资产交易的核心技术模式。"数据可用不可见"指通过隐私计算技术实现数据在加密状态下被用户使用和分析。其核心是解决个人信息泄露和"数据不动，计算动"的问题，是数据资产交易的基本保障，主要包括安全多方计算、联邦学习、可信执行环境等。

目前主流的数据资产交易平台都很重视交易的安全性。图 6-3 是某知识产权交易平台的架构。

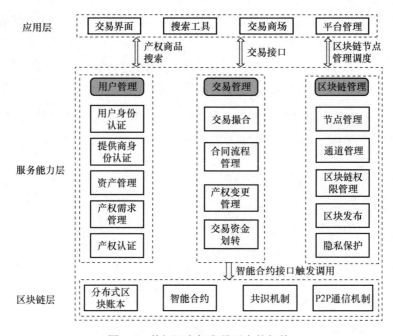

图 6-3　某知识产权交易平台的架构

整个平台主要分为区块链层、服务能力层和应用层。可以看出，整个平台基于区块链技术构建了一个可信的交易底座。平台的核心是构建整个区块链及相应的基础设施，包括区块链的分布式区块账本、经过认证的智能合约、整个区块链的共识机制及区块链的 P2P 通信机制。交易的区块链可以构建成为私有链或联盟链，以简化交易流程、固化共识机制。知识产权交易的参与方包括产权提供商和产权购买方。在节点管理模块确定数字证书的管理,向上链的商户和购买方等正式用户发布证书,引导双方上链。服务能力层为其上层应用层提供能力和工具支撑,包括对交易用户认证注册的管理、对产权提供商的认证及上链管理、产权的鉴定等。这一层至关重要,它可以确保产权供应商和附属产权的合法性,保障产权购买方的权益,认证鉴定的信息可以采用区块链账本进行存储。

平台的交易模式采用托管交易模式,有了区块链技术和底座的加持,可以基于区块链构建交易数据存储、交易流程跟踪、交易安全保障等系统。平台通过 Web 方式构建交易界面,交易过程通过托管模式完全由平台进行撮合,产权的变更和资金的划转都通过平台完成,或者在平台上签订电子合同,线下完成资金的划转。

数字产权交易流程如图 6-4 所示。

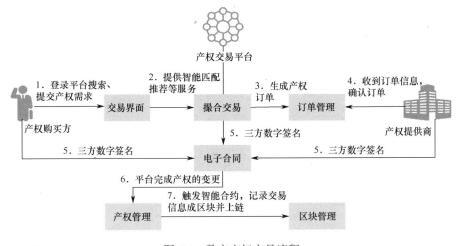

图 6-4　数字产权交易流程

如前文所述,算力网络通过网络控制面分发服务节点的算力、存储、算法等资源信息,结合网络信息,以用户需求为核心,提供最佳的计算、存储、网络等资源的分发、关联、交易与调配,从而实现整网资源的最优配置和使用。算网资源的优化配置可以通过交易的方式实现。

图 6-5 为算力交易一体化平台框架,整个平台融合了多种、多维算力,包括从枢纽到省市的区域算力及边缘资源等多级算力,电信运营商、行业运营商(如阿里巴巴、腾讯等)提供的云计算资源等多方算力,以及超算、智算、通用云计

算等多层次异构算力资源。这些不同类型、异构的算力资源与城域接入网、城域骨干网、移动接入网、移动城域网及广域传输网共同纳入算网采控与编排系统，进行协同调度。算力采控与编排系统对全网的网络资源和算力资源进行一体化编排调度。

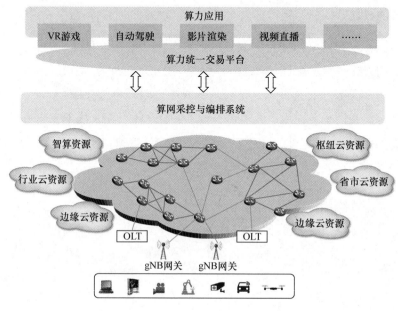

图 6-5　算力交易一体化平台框架

6.2.2　高通量作业调度服务

在传统的大科学计算领域，如天气预报、基因测序、地质勘查、石油勘探、仿真制造等领域，通常使用高性能计算来完成计算任务。这类高性能计算的特点是海量的计算量、海量的计算数据、计算精度高（64 位双精度，FP64），对计算硬件设施要求很高，但是任务模式单一，负载变化不大，计算局部性好。这种典型的大科学计算通常基于超级计算机，通过并行计算模式进行运算。为了充分发挥算力资源的潜力，这类计算程序往往与硬件资源紧耦合，力求用最短的时间完成计算任务。

单位时间内完成的保质任务数，称为"通量"。高通量计算是高性能计算中的重要计算类型，指计算过程中有高通量的负载和任务。其特点是计算任务密集，计算模式复杂多变、不规则，与硬件资源松耦合。高性能计算与高通量计算的对比如表 6-1 所示。

表 6-1 高性能计算与高通量计算的对比

计 算 类 型	应 用 目 标	主 要 特 征	核 心 目 标
高性能计算	科学计算应用	任务模式单一，计算量大，负载变化不大，与硬件设施紧耦合	海量计算算得快
高通量计算	工程与互联网应用	任务模式多样，任务量大，计算量相对不大，与硬件设施紧耦合，数据吞吐量大	海量任务算得多

高通量计算在面向互联网的领域及材料、生物、石油等工程领域有着广泛的应用需求，其具有与硬件设施松耦合且任务量大的特点，很适合通过算力网络服务解决在分布式算力资源环境下，海量作业、高吞吐数据的算网协同调度与计算的难题。

随着人工智能与大数据技术赋能千行百业，智算、超算的应用领域将不断扩展，构建高通量的基础设施平台或将成为超算中心、智算中心的主流发展方向。

6.3 算力网络服务层关键技术实现方案

ITU-T Y.2501 定义了算力网络体系架构，其中算力网络服务包括交易服务、计费服务等，而通过资源交易实现算力应用服务是最具价值的内容和发展领域。

6.3.1 算网交易一体化平台

从开发的角度来说，对于平台开发，建议采用云原生和微服务的技术架构，因为算力网络技术在不断发展演进的过程中，其功能也在不断地增加和升级，采用云原生和微服务的技术架构，可以将整个开发体系纳入 DevOps 开发模式，便于快速迭代和多团队的并行协同开发。

本节介绍的算力交易一体化平台的开发主要针对算网一体化交易编排系统，主要包含算力统一交易功能和基于交易业务的算网编排交付功能。算网交易一体化平台系统架构如图 6-6 所示。

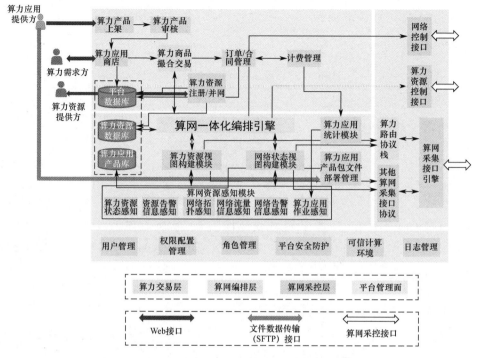

图 6-6　算网交易一体化平台系统架构

如图 6-6 所示，该平台由网络运营商运营，参与方包括算力用户（算力需求方）、算力应用提供方、算力资源提供方。算力参与方说明如表 6-2 所示。

表 6-2　算力参与方说明

参与方名称	角色作用及获利方式
算力需求方	算力需求可以表达为直接的算力资源和网络资源，也可以是对算力应用的需求，而算力应用需要占用算力资源。算力需求方通常情况下是行业客户，通过使用算力资源或算力应用获得利益
算力资源提供方	算力资源包括通用的云资源、智算资源、超算资源等，算力资源提供方包括网络运营商，也包括第三方的云服务运营商。平台运营方也可以作为算力资源提供方。算力资源提供方通过出租资源使用权获得收益
算力应用提供方	算力应用提供方根据算力需求方的需求，在完成交易撮合后，将算力部署到算网交易成交的算力资源节点，为算力需求方提供应用服务，从而获取服务收益
平台运营方	平台运营方通常是网络运营商，通过网络连接各类算力提供方，通过构建平台为算力应用提供方、算力资源提供方和算力需求方提供交易撮合服务，获取中介收益和网络服务收益。平台运营方也可以是算力资源供应方，它是一个多方角色

1. 平台架构解析

整个平台采用了三层一面架构，包括算力交易层（界面层）、算网编排层、算网采控层和平台管理面。各层是算力交易、编排、采控等核心功能的实现模块，平台管理面则为平台本身的运行提供支撑和安全保障。

1）算力交易层

算力交易层是算力应用各参与方进行算力交易、撮合的在线系统。算力交易层基于 Web 界面，为算力需求方、算力资源提供方和算力应用提供方构建算力资源并网/注册、算力应用产品上架、算力交易撮合及订单合同计费管理等功能。

算力交易层的关键业务流程如图 6-7 所示。

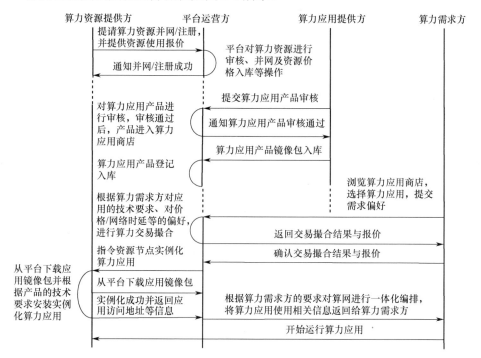

图 6-7　算力交易层的关键业务流程

算力资源提供方负责进行算力资源的并网/注册。通常情况下，算力资源提供方要与平台进行线下沟通、签约。平台运营方为算力资源提供方开通管理员账号。算力资源提供方登录平台，提交算力资源的相关信息，包括资质、资源认证信息、线下签约信息、可供出让使用的资源信息及报价等。

算力应用提供方是算力应用的开发商或代理商，其通过提供算力应用服务获取收益。算力应用提供方同样要与平台运营方进行线下沟通、签约，再登录平台完成线上的产品登记、审核等操作。审核通过后，其提交的产品信息进入算力应用商店，同时上传产品的镜像包。

算网交易一体化平台的核心功能之一是根据算力需求方对算力或应用的技术要求、性能要求、价格偏好、地域偏好等，为算力需求方、算力资源提供方及算力应用提供方提供撮合交易。撮合交易的方式有多种，可以让算力资源提供方直接报价，平台在满足算力需求方要求的基础上，为其提供合适的算力资源；也可以采取博弈的方式让各算力资源提供方进行竞价，通过若干轮博弈，平台最终为各方的利益取得平衡。

撮合交易完成后，成交的算力资源节点从平台下载算力应用的镜像包，根据产品的配置文档、脚本等安装实例化算力应用，并接入地址、账户信息等，将相关信息通过平台回传给算力需求方。

2）算网编排层

算力交易层的撮合功能是在算网编排层的支撑下实现的。算网编排层无界面，主要以服务的方式输出功能。

算网编排层的主要功能之一是对算力资源和网络资源状态进行定时与实时的采集，采集的信息包括：算力资源状态信息，如 CPU 空闲量、内存可用量、GPU 可用量、存储可用量等；算力资源的告警信息，如安全态势告警、CPU/GPU/内存等资源耗用量达到告警阈值信息等；网络资源的拓扑信息、流量信息与告警信息，网络资源的拓扑结构并非一成不变的，拓扑结构对确定算力资源端与需求端的传输路由有显著影响，其对网络各关键节点的流量感知对传输路由规划具有决定性意义。算网编排层还采集算力资源节点的算力应用的运行情况，主要为计费提供支持。

算网编排层在算网信息采集的基础上，分别对算力资源与网络资源进行全局视图构建，这是算网编排层的核心功能。构建视图的方法有很多，比较典型直观的方法是通过数字孪生技术，在对算网关键信息进行全域、全维采集感知的基础上，构建数字孪生环境。基于数字孪生技术的一体化编排如图 6-8 所示。

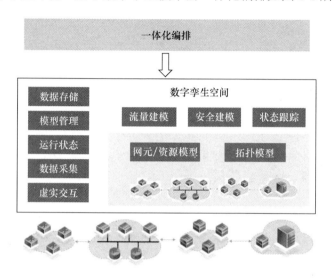

图 6-8　基于数字孪生技术的一体化编排

在图 6-8 中，以数字孪生技术对物理环境中的网络设备、算力资源节点和拓扑结构在数字虚拟环境中进行映射与建模，在模型构建的基础上，结合虚实交互的数据采集、状态监控、流量建模等关键技术，对算力资源和网络资源进行视图构建，可以最大化地实现敏捷性与可编程性，同时为可视化的编排呈现提供基础。

3）算网采控层

算网采控层是整个平台对外接口的功能模块，其没有界面，以微服务的方式向上层编排层提供支撑，包括算网采集接口、网络控制接口和算力资源控制接口等，支撑编排层实现对算网资源的统一编排。

算网采控层的算网采集接口引擎连接两个协议模块，一个是算力路由协议模块，如本书前文所述，算力网络的一项关键技术就是算力路由技术，通过对 BGP 的扩展实现对算网关资源的感知、通告与传播。算力路由协议主要由算力网关实现，通过在算力资源节点及城域网、广域传输网、移动通信网的关键节点部署算力网关，实现对算网信息的采集与通告。算力网关之间也会通过带外数据测试网络时延、抖动等网络信息及算力资源信息（如 CPU、GPU、内存、存储等）、资源状态信息。各算力网关采集的信息最终会向算网交易一体化平台通报、汇聚。此外，还有一个采集接口协议模块，用于采集网络拓扑、流量信息等。采集接口通过两大协议模块对算力资源和网络资源进行信息采集，为算网编排层构建数字孪生空间提供支撑。

对算网的编排指令需要通过算力资源控制接口和网络控制接口实现，采集和控制是两个过程，具有独立性，因此算网的采集与控制模块，通常通过与云管平台和网络控制器的对接实现编排指令的下达。

4）平台管理面

平台管理面的功能是支撑整个平台的运行，包括用户管理、权限管理、角色组管理、日志管理，更重要的是平台运行的可信环境的管理等。

平台的用户分为系统管理员、算力资源提供商专员、算力应用提供商专员和算力需求方专员 4 类用户。平台用户权限说明如表 6-3 所示。

表 6-3　平台用户权限说明

用 户 类 型	用户权限说明
系统管理员	平台管理者，管理权限包括平台的系统配置、运行环境维护、第三方专员用户的开通设置、平台功能模块的迭代更新等
算力资源提供商专员	算力资源提供商方面的管理员及代表，其权限由平台系统管理员开通，负责管理指定的算力资源提供商的资源上线、资源下线、资源定价、交易处理等
算力应用提供商专员	算力应用提供商方面的管理员及代表，其权限由平台系统管理员开通，负责管理指定的算力应用提供商的产品提交、上架、定价，产品包的上传、撤架，以及交易处理等
算力需求方专员	通常是行业客户，由系统管理员为其开通专员用户，专员代表算力需求方在平台上开展算力资源与算力应用交易的全流程、合同的签订及管理等

2. 可信的算力交易环境的实现

5G 网络、新型高速城域网络、高性能算力资源逐渐成为垂直行业无线连接的重要基础设施，预计未来将有更多的行业业务由网络运营商、云服务运营商的算网基础设施承载。数字经济的推进使数据的价值越来越重要，各行各业的用户越来越注重数据和信息基础设施的安全性。此外，算网融合的趋势进一步深化，算力基础设施和网络基础设施将向泛在算网基础设施转变，以提供高效便捷、随需索取的计算与连接资源。而边缘算力资源设施往往部署在靠近用户的地方，包括街道、小区、园区等缺乏安全防护的区域，容易被不法人员接触和破坏，近端攻击风险较高。

攻击者对算网基础设施硬件系统的攻击不限于拆解、修改、替换，或者通过非法获取基础设施操控权限、植入恶意代码等方式操控算网设施，修改固件、系统软件及行业应用软件等关键软件，以实现信息监听、数据窃取、数据伪造及非法控制等目的，或者以被攻击设备为跳板攻击其他算网基础设施。此外，针对泛在算网融合场景，对算网基础设施的攻击将可能导致行业应用被篡改、客户数据被窃取，直接威胁基础设施承载的行业应用安全。

为应对以上风险，算网交易一体化平台需要引入可信计算技术，对算网基础设施硬件进行可信验证，保证只有可信的算力基础设施、网络基础设施能够接入网络、承载服务、参与算力交易。

目前大部分算网的安全系统主要由防火墙、入侵检测、病毒防范等组成。这种常规的安全手段只能在网络层、边界层设防，在外围对非法用户和越权访问进行封堵，以达到防止外部攻击的目的。由于这些安全手段缺少对访问者源端——客户机的控制，加上操作系统的不安全导致应用系统的各种漏洞层出不穷，其防护效果越来越不理想。此外，封堵的办法是捕捉黑客攻击和病毒入侵的特征信息，而这些信息是已经出现的，因此封堵属于"事后防御"。恶意用户的攻击手段变化多端，防护者的防火墙越做越全面，入侵检测越做越复杂，恶意代码库规模越来越大，误报率也越来越高，安全方面的投入和成本随之高企，维护与管理越发困难，信息系统的运行效率逐渐降低。

移动通信基础设施、宽带城域网络和骨干传输网络将与算力基础设施深度融合，衍生出多种多样的商务模式，从而给安全检测手段带来了更多的技术挑战。

传统单点部署的计算业务将逐步向分布式算网业务演进，容器化的业务组件将动态地分布在大量泛在算网节点内，导致安全防护成本进一步提高。针对单一业务粒度部署安全组件的方案难以适应分布式计算的需求，也无法实现业务数据流的可信溯源。此外，由于缺少对算网节点的认证和信任机制，难以保障部署在边缘侧的算网基础设施免受硬件篡改、固件修改等近端攻击。

算网基础设施可信技术预计将涵盖可信根构建、信任链传递、系统安全启动、软件与文件保护、可信连接技术。通过这些技术实现基础设施硬软件的启动、运行、连接、承载服务的全流程可信保障，达到非可信设备禁止启动、非可信基础设施禁止入网、非可信平台禁止承载服务、非可信应用服务禁止调用的目标。

（1）可信根构建。可信根是可信计算信任链传递的基础。可信基础设施的物理可信根包括安全芯片和可信基本输入输出系统（Basic Input Output System，BIOS）。其中，安全芯片具备密码运算能力和存储能力，能够提供密钥生成和公钥签名等功能。其内部带有非易失性存储器，能够永久保存用户的身份信息或秘密信息，在可信基础设施中发挥核心控制作用。可信 BIOS 则提供了度量可信根，同时负责机器加电后各种硬件设备的检测初始化、操作系统装载引导、中断服务提供及系统参数设置等操作，它与安全芯片一起构成了信任链传递的基础。

（2）信任链传递。在可信系统中，信任链用来描述系统的可信性。整个系统信任链的传递以信任根（安全芯片和度量可信根）为起点，从平台加电开始到 BIOS 的执行、操作系统加载程序的执行，再到最终操作系统的启动、应用程序的执行，逐步、逐级进行可信度量，并对可信度量值进行安全存储。因此，信任链使可信性从信任根处层层传递，并通过报告和验证保证该基础设施的计算环境始终是可信的。

（3）系统安全启动。基于信任链的传递，可在基础设施启动过程中逐级对下一级加载的驱动、软件等进行签名校验，只有校验通过的驱动、软件等才能够加载运行，校验未通过的则停止启动。

（4）软件与文件保护。对于重要的系统文件、配置文件、软件应用、日志文件、用户数据等，可基于可信根进行完整性、机密性保护，并定期进行检查，确保其不会被非法篡改。

（5）可信连接技术。基于动态可信度量和远程证明机制，在基础设施平台运行过程中进行动态可信度量，并由可信报告根将度量结果在签名后提供至远程验证方。未通过验证的平台将无法接入目标网络或无法继续承载服务。

6.3.2　高通量计算协同作业平台

在通用计算领域，资源交易是实现算力服务的典型形式，而在科学计算领域，需要考虑采用其他算力服务方式。科学计算往往包含巨量的计算任务，巨量科学任务的计算通常被定义为高通量计算。高通量计算面临的一个最大问题是一个节点的算力资源往往无法满足计算需求，需要考虑如何在多个计算节点分担、协同完成计算任务。

1. 高通量计算框架

在工程研究各领域，如材料工程、高能物理、生物基因测序、经济模型、冶金工程等领域，传统的研究和实验方法是试错法。这种方法研发周期长、灵活性差，而且不断试错的成本很高。随着传统工程研究领域与信息技术的不断融合，信息化手段和工具的应用不断加深，推动传统工程研制进度的加快和效率的提高。在工程计算中，通常包括海量的比对、筛选、模拟等计算任务，但对计算资源和运行系统没有特殊依赖，甚至可以在普通台式计算机上运行这些任务，这些都可以视作高通量计算。与超级计算机的设计目标不同，高通量计算的设计目标是应用通用的编程工具和硬件设施来实现大量任务的协同计算，而非与软硬件系统强耦合。高通量计算可以在保证高性能的同时实现长时间稳定运行，并能充分利用集群或网络内的计算资源。

国内外目前都在积极开展高通量计算及数据共享框架的研究开发，大多数高通量计算框架都有行业特点，如材料工程领域的 Materials Project、AFLPWlib、开放式量子材料数据库（Open Quantum Materials Database，OQMD）与 Citrine 等，也有比较通用的高通量计算框架，如 Spark、Matecloud、HTCondor 等。其中，HTCondor 受到了国内外的普遍重视，特别是在国内其应用最多，因此本节主要介绍 HTCondor。

HTCondor 是美国威斯康星大学麦迪逊分校构建的分布式计算框架，用来处理高通量计算，目前已经发展成为一个开源的高吞吐量计算框架，用于计算密集型任务的粗粒度分布式并行化。它可用于管理专用计算机群集上的工作负载，或者将工作分配给空闲的台式计算机，即所谓的循环清理。HTCondor 可以在 Linux、UNIX、Mac OS X、FreeBSD 和 Microsoft Windows 操作系统上运行。HTCondor 可以将专用资源（机架式集群）和非专用台式计算机（循环清理）集成到一个计算环境中。

HTCondor 的思想是将密集计算拆分成一个个子任务，交给集群计算机运算。HTCondor 提供了如下功能。

（1）发布任务：根据设定的集群内计算资源条件，将任务发布到集群计算机。

（2）调度任务：将任务发送到满足条件的计算机中运行，或者迁移到另一台计算机上。

（3）监视任务：随时监视任务运行情况和计算资源的使用情况。

HTCondor 在拆分任务时会控制合适的拆分粒度，形成并行子任务集群，以更有效地实现负载均衡。HTCondor 向用户提供作业提交、作业查询、作业管理及集群资源状态管理等控制接口。

HTCondor 将高通量作业体系简单地归为两种类型：作业（Job）和设备（Machine）。HTCondor 通过创立一种被称为 ClassAd 的语言规范为这两类高通量作业体系建立了数据模型。ClassAd 语言规范并不复杂，由若干组属性名称/值对组成，其中的值可以是文字、表达式、半结构化数据，无固定模式。HTCondor 官方使用了一个简单的示例来说明 ClassAd 语言规范，如图 6-9 所示。

从图 6-9 可以看出，ClassAd 类似 Jason 语言规范，其通过 ClassAd 语言构建面向作业和算力设备的对象，并且进行广告发布，通过构建平台实现作业和算力设备的匹配撮合，从而对高通量计算任务进行分解，然后在分布式算力资源上进行并行计算。

HTCondor 框架由一系列守护进程组成，主要进程包括以下几个。

（1）condor_master。该守护进程是主守护进程，负责保护算力资源池中每台机器上运行的所有其他守护进程。它生成其他守护进程，并定期检查是否为其中任何一个守护进程安装新的二进制文件。

```
Pet Ad
Type  = "Dog"
Requirements =
    DogLover =?= True
Color = "Brown"
Price = 75
Sex = "Male"
AgeWeeks = 8
Breed = "Saint Bernard"
Size = "Very Large"
Weight = 27
```

```
Buyer Ad
AcctBalance  = 100
DogLover = True
Requirements =
 (Type == "Dog")  &&
 (TARGET.Price <=
  MY.AcctBalance) &&
 ( Size == "Large" ||
   Size == "Very Large" )
Rank =
100* (Breed == "Saint
Bernard") - Price
. . . .
```

图 6-9   ClassAd 语言规范示例

（2）condor_startd。该守护进程将指定的资源表示为 HTCondor 池，作为运行作业的算力设备。它会通告算力设备的相关属性，这些属性用于将算力设备和挂起的资源请求相匹配。

（3）condor_starter。该守护进程在指定的设备上生成 HTCondor 作业的实体。它设置执行环境，并在作业运行后监视作业。

（4）condor_schedd。任何要成为接入点的机器都需要运行该守护进程。当用户提交作业时，作业将转到 condor_schedd，并存储在作业队列中。

（5）condor_shadow。该守护进程在提交给定请求的计算机上运行，并充当该请求的资源管理器。

（6）condor_collector。该守护进程负责收集有关 HTCondor 池状态的所有信息。所有其他守护进程都会定期向 condor_collector 发送 ClassAd 更新。

（7）condor_negotiator。该守护进程负责 HTCondor 框架中的所有匹配操作。condor_negotiator 定期开始一个协商周期，在该周期中，它向 condor_collector 查询池中所有资源的当前状态。它按优先级顺序联系每个有等待资源请求的 condor_schedd，并尝试将可用资源与这些请求相匹配。

（8）condor_gridmanager。该守护进程处理所有网格作业的管理和执行工作。当队列中有网格宇宙作业时，condor_schedd 调用 condor_gridmanager；当队列中没有更多网格作业时，condor_gridmanager 退出。

（9）condor_had：该守护进程用于监视必要的守护进程的通信，实现池的中央管理器的高可用性。如果当前正在运行的中央管理器计算机停止工作，则该守护进程将确保有另一台计算机取代它的位置，并成为池的中央管理器。

（10）condor_replication。该守护进程是 condor_had 守护进程的辅助进程，通过保存计算池状态的更新副本实现，当主管理服务器宕机时，该守护进程将迅速更换一台主管理服务器。

（11）condor_transferer。该守护进程是短活跃进程，由 condor_replication 守护进程调用，以完成在退出之前传输状态文件的任务。

2. 高通量计算协同作业平台的实现方案

HTCondor 提供了一个高通量计算框架。通常需要根据不同的业务系统的需求和算网资源的特点，基于 HTCondor 框架构建高通量计算协同作业平台。本书的项目研发团队结合算力网络的技术优势和高通量计算作业的特点，提出了高通量计算协同作业平台的实现方案。

HTCondor 通过广告发布作业（Job）和算力设备（Machine）对象信息，进行作业与合适资源的匹配撮合。基于 HTCondor 框架与算力网络的作业调度业务流程如图 6-10 所示。

在图 6-10 中，核心流程包括任务分解、任务广告发布、资源广告发布、作业调度等。

高通量作业用户（需求方）首先需要通过身份认证，然后授权认证中心返回用户作业令牌。令牌具备会话性质，如果会话失效，需要重新认证。作业令牌将附着在用户作业上，以确保作业的合法性。

用户完成认证后，对高通量作业进行分解，生成基于 ClassAd 语言规范的作业对象队列，并发布到广告板中。

算力资源提供方基于自身的算力资源技术要素，同样生成基于 ClassAd 语言规范的设备（资源）对象，发布到广告板中。

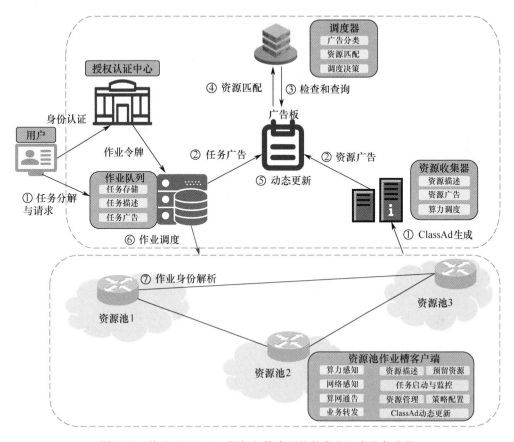

图 6-10　基于 HTCondor 框架与算力网络的作业调度业务流程

调度平台根据广告板的作业对象与设备对象进行匹配撮合操作，当有合适的满足作业技术需求的设备资源时，即完成匹配操作。用户的作业队列根据匹配结果将作业调度到对应的资源池中运算执行，在下发作业时携带认证的令牌信息。

资源池收到作业调度指令，获取作业队列中的令牌，认证计算作业附着的令牌的合法性后，运行并计算高通量作业。

在算力资源节点侧，部署算力网络控制层相关功能模组，包括算力资源感知和网络资源感知。算力资源节点侧的 HTCondor 模组根据算力感知模组的信息，定时或实时更新算力设备资源 ClassAd 对象模型，并发布到广告板中。同时，算力资源节点侧的 HTCondor 模组负责监控算力资源节点内高通量作业的运行状态。算力网络控制层功能模组负责实时监控资源。

本书提出了一种基于 HTCondor 框架的高通量计算协同作业平台的实现方案，该方案将 HTCondor 框架与算力网络功能组件充分结合，一方面应用 HTCondor 框架的作业发布、分发机制，另一方面应用算力网络技术体系的算网资源感知与编排能力。

3. 高通量计算协同作业平台架构

本书提出的高通量计算协同作业平台架构如图 6-11 所示。整个平台的功能模块有 3 个。

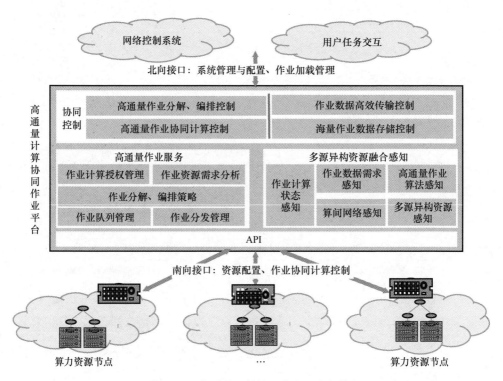

图 6-11　高通量计算协同作业平台架构

1）协同控制功能模块

协同控制功能模块包括高通量计算作业的分解、编排、协同计算，以及作业执行文件和数据文件的传输、下发及存储等功能。在 HTCondor 框架中，可以在用户侧拆分高通量作业。在本方案中，拆分工作可以由平台完成，用户将作业拆分的规则形成脚本,将其与作业本身发送至平台。平台根据广告板中的算力资源情况和拆分的脚本,对高通量作业进行拆分,再与算力设备模型进行匹配,并将作业分发到算力资源节点。在接收用户提交的高通量作业时,对用户进行认证并生产令牌,令牌随同分解的作业分发到算力资源节点。

2)高通量作业服务功能模块

高通量作业服务功能模块为协同控制功能模块提供支撑,包括以下内容。

(1)高通量计算的作业计算授权管理。

(2)对广告板中的 ClassAd 对象进行需求分析。

(3)高通量作业分解与编排的策略管理。

(4)作业的队列管理。

(5)将作业分发到算力资源节点并进行管理。

3)多源异构资源融合感知功能模块

多源异构资源融合感知功能模块也为协同控制功能模块提供支撑。高通量计算作业是基于分布式计算资源进行协同计算的,分布式计算资源大概率基于不同软硬件系统的异构资源,这就需要对算网资源进行全面感知。这里主要应用算力网络控制层的功能,并应用算力路由的感知通报功能进行算网资源信息的全息采集,定时或实时上报给协同控制功能模块。另外,该功能模块对分布在不同算力资源节点的作业状态进行监控,协同作业的计算进程。

除上述 3 个功能模块外,高通量计算协同作业平台还包括南北向的接口,以使平台具备开放性功能,其中北向接口向高通量计算用户和业务管理配置系统开放,接受用户提交的高通量计算请求,同时该接口包括对高通量计算用户的认证接口。

6.4　算力网络服务的建设及实践

目前,国内设备制造商、网络运营商等纷纷积极进入算力网络领域,参与算力网络技术研究、标准制定，并开始不断尝试提供算力网络服务。本节主要介绍国内三大网络运营商算力网络服务的建设及实践。

6.4.1 算力交易平台建设及实践

2022 年 2 月 17 日，国家发展改革委、中央网信办、工业和信息化部、国家能源局联合印发通知，同意在京津冀、长三角、粤港澳大湾区、成渝、内蒙古、贵州、甘肃、宁夏等地启动建设国家枢纽节点，并规划了 10 个国家数据中心集群。至此，全国一体化大数据中心体系完成总体布局设计，"东数西算"工程正式全面启动。在国家"东数西算"战略的推动下，以网络运营商为首的国内企业纷纷开展算力交易平台的建设及实践。

1. 中国电信算力交易平台建设及实践

中国电信是算力网络概念的提出者和推广单位之一，也是算力网络首个国际标准的制定者，还是算力网络技术领域的重要参与者，其在算力路由、算力网关、算网编排调度等关键技术领域持续贡献成果。紧随"东数西算"工程，中国电信在算力交易调度领域不断实践，并取得突破。

2023 年 2 月 24 日，国内首个一体化算力交易平台——"东数西算"一体化算力服务平台在宁夏银川正式上线运营。该平台是由宁夏回族自治区联合曙光信息产业股份有限公司（以下简称"中科曙光"）、中国电信宁夏分公司、北京国际大数据交易所等打造的国内首个一体化算力交易调度平台。

"东数西算"一体化算力服务平台以"数字赋能先行区　共创产业新生态"为主题，致力于服务全国各行业算力流通调度交易的载体，以算力流通机制、安全保障体系、平台监管机制、交易商业模式和运营模式创新，推动算力交易供给侧和需求侧双向驱动改革为目标，利用大数据、人工智能、区块链等新一代数据信息技术，为算力交易相关方提供稳定可信的一体化服务平台。"东数西算"一体化算力服务平台的功能架构如图 6-12 所示。

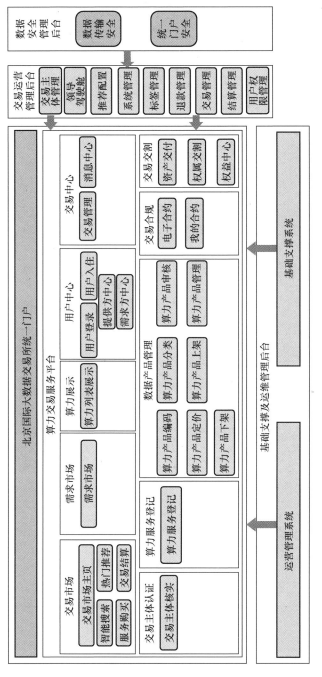

图 6-12 "东数西算" 一体化算力服务平台的功能架构

该平台以交易为核心，提供用户管理、需求市场管理、交易市场管理、交易参与方的主体认证、算力资源的登记注册、算力产品的标识与管理，以及交易交割等关键功能。

作为国内首个一体化算力交易调度平台，"东数西算"一体化算力服务平台通过资源整合，将中科曙光、华为、中兴、阿里云、天翼云等国内算力领先的企业，国家信息中心、北京大数据研究院等国内主要大数据机构，以及商汤、百度等大模型头部企业共计27家纳入其中。该平台作为国内首个支持算力交易调度的应用系统，为智算、超算、通用算力等各类算力产品提供算力发现、供需撮合、交易购买、调度使用等综合性服务，将有效结合东西部算力发展需求，助力形成自由流通、按需配置、有效共享的数据要素市场，赋能东西部数字化发展。

此外，中国电信云公司推出了天翼云息壤算力调度平台。天翼云息壤算力调度平台是一个基于云原生和跨域大规模调度技术的算网调度平台，如图6-13所示。息壤算力网络通过整合算网资源，旨在使算力像水、电等基础能源一样按需、按量、灵活地供给，助力客户实现按成本调度、按体验调度等多种调度策略，达到对算网资源的全局智能调度和优化，有效促进算力的流动，实现业务性能和成本的最优化。

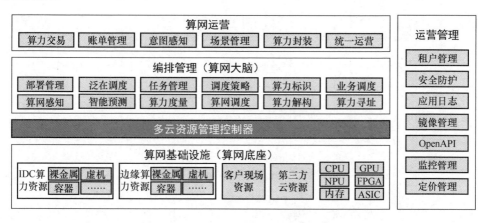

图6-13　天翼云息壤算力调度平台

天翼云息壤算力调度平台具备丰富的场景化能力、灵活的多纬度调度能力、精细的可视化运营能力。在算力调度能力方面，支持算力基础设施调度、编排、运营升级，依托天翼云全网分布式资源和核心自研技术，可以为"东数西算"、人工智能、跨域调度等各类场景提供"一站式"算力调度解决方案。

天翼云息壤算力调度平台的关键功能包括以下几个。

（1）提供通用算力、智算、超算 3 种异构算力的统一调度。

（2）提供业务调度、编排调度、任务调度，预置多种丰富的调度策略。

（3）支持对主流云服务运营商的统一封装和统一调度。

（4）提供可视化的运营运维管理、账单管理，提供可信任的算力交易能力。

除此之外，中国电信上海公司联合中国信息通信研究院于 2023 年 6 月 5 日召开算力创新发展高峰论坛，正式发布了我国首个实现多元异构算力调度的全国性平台——全国一体化算力算网调度平台（1.0 版）。该平台汇聚通用算力、智能算力、高性能算力、边缘算力等多元算力资源，设计异构资源池调度引擎，实现不同厂商异构资源池的算力动态感知与作业智能分发调度。特别是在 AI 训练作业调度流程中，可在智算资源池上进行训练推理，在通用算力资源池上提供应用服务，从而实现跨资源池、跨架构、跨厂商的异构算力资源调度。目前该平台已接入天翼云、华为云、阿里云等算力供应企业。

2．中国移动算力交易平台建设及实践

2021 年，中国移动携手华为、中兴、中信科、爱立信、诺基亚、飞腾、小米、英特尔等合作伙伴共同发布了《算力网络白皮书》，阐述了中国移动对算力网络核心理念、应用场景、关键技术发展路径及创新的理解与构想，并提出了与业界推进算力网络技术创新及构建生态合作的愿景。2022 年 6 月，中国移动携手 12 家产业合作伙伴共同发布了《算力网络技术白皮书》，创新性地提出了算力网络十大技术方向，明确了核心技术体系与技术路线。算力网络十大技术发展方向包括泛在智能的新型算力、以数据为中心的多样性计算架构、光电联动的全光网络、超低时延驱动的确定性网络、算网深度融合的原创技术、融数注智的算网大脑、可信共享的算网服务、端到端的绿色低碳技术、算网一体化全程可信和空天地一体的星云算网，覆盖算力、网络、算网一体、算网大脑、算网服务、绿色安全、空

天地一体等领域，全景式地展示了中国移动对算力网络技术发展趋势的判断。

此后，中国移动在算力并网、算力服务和算力交易等领域不断深入地研究和探索。

2022 年 7 月 29 日，在 2022 中国算力大会"算力网络创新发展"分论坛上，中国移动发布"算网服务 1.0"，聚焦云产品服务、关键技术研究等方面，打造覆盖云、网、边、端的算网服务体系，赋能千行百业数字化转型，开创算网服务新模式。中国移动算网服务致力于推动算力和网络能力的一体化拉通，通过一体化编排、智能调度，实现算网产品的一体化与深度融合。"算网服务 1.0"主要围绕多可用区（Availability Zone，AZ）精品算力新基础设施、全系列云网融合新产品、高性能资源编排新能力和赋能新型行业解决方案 4 个方面打造算网服务体系。

2023 年 6 月 28 日，世界移动通信大会在上海新国际博览中心盛大开幕，在为期 3 天的展览中，中国移动研究院"算网星图"算力并网服务平台首次正式亮相。该平台采用多样化并网模式，助力实现更开放、更平等、更融通的社会级算力服务共享。该平台依托中国移动算力网络试验示范网 CFITI 的算网资源开展算力并网验证，结合中国移动 CMChain 区块链平台，提供第三方算力注册、算力认证、算力接入等并网能力；针对"东数西训""东数西存"等场景，引导算力消费者提出多量纲、任务式算力需求，推行新型算力任务式服务模式试点。目前该平台已实现与紫光云、区域行业云等第三方算力的并网对接验证，并借助区块链平台技术能力，提供算力并网及交易中关键环节信息上链，实现并网交易全流程的可信存证与溯源，解决多方交易的信任痛点问题。在算网服务与算力交易的基础上，该平台汇聚社会多方算力资源，结合算力并网、区块链、泛算调度等技术，为客户提供精准高效的算力匹配，保障多方可信算力服务，推动算力成为"即取即用"的社会级服务。

3. 中国联通算力交易平台建设及实践

作为国内三大网络运营商之一，中国联通也是领先的算力网络研究者与探索者。早在 2019 年，中国联通就发布了《中国联通算力网络白皮书》，阐述了中国联通对算力网络技术的认知和理解，以及算力网络对推动云网融合可持续发展的价值和意义。此后，中国联通作为主导机构先后发布了《算力网络架构与技术体系白皮书》《云网融合向算网一体技术演进白皮书》《异构算力统一标识与服务白皮书》等，对算力网络关键领域的技术创新和应用做了更加全面的阐释。

中国联通在算力网络领域主要关注关键技术创新突破、应用场景开拓、算网基础设施建设等，算力交易平台建设基本处于规划阶段。在 2023 年 4 月 26 日举办的"算力浦江"（首届）数字经济发展论坛上，上海算力交易平台正式启动。该平台依托国家（上海）新型互联网交换中心平台交换架构的独特性，先行先试探索打造全国首个算力交易集中平台。国内运营商包括中国联通、中国电信、中国移动，以及中国铁塔、东方有线、腾讯云等携手入驻该平台。

横向对比，中国电信通过多种方式针对算网交易服务体系开展了建设探索，包括独立自主建设、与行业伙伴合作建设，各地方分公司也根据各自的优势整合资源，积极开展区域算网交易服务实践；中国移动启动了相关算力交易平台的建设，并取得了实质性进展；中国联通更关注算力网络关键技术领域的突破及应用。

6.4.2　高通量计算平台建设及实践

基于 HTCondor 架构的应用在国内外获得了普遍发展，特别是随着近几年算力对国家战略基础设施的重要意义日益显现，高通量计算作为高性能计算的重要领域，也在世界范围内快速发展。HTCondor 最初主要应用在科研院，同时国家省、市层面也有相关的规划应用，具体如下。

（1）国家超级计算天津中心自主研发了中国材料基因工程高通量计算平台，该平台依托天河高性能计算集群，致力于高通量材料计算、材料数据库建设、材料大数据查询、材料性质预测及先进功能材料的设计和研发。

（2）在国家自然科学基金的资助下，中国科学院计算机网络信息中心研究员杨小渝牵头研发了高通量多尺度材料集成计算和数据管理云平台 MatCloud。该平台于 2015 年上线运行，2018 年成功实现成果转化（MatCloud+）。

（3）中国科学院兰州化学物理研究所固体润滑国家重点实验室计算摩擦学课题组于 2022 年首次搭建了能够实现自动化建模、自动提交管理计算任务、智能化数据后处理的固体界面摩擦性能高通量计算平台 LICP-FPHTC-Platform，实现了固体界面摩擦性能的自动化、高通量计算。

（4）2022 年，云南省重大科技专项建成全国首个稀贵金属新材料高通量计算平台，融合高通量计算、高通量制备与表征、专用数据库等关键技术，支撑新材料高效率、低成本实验与评价等先进技术及装备研发。

除了高通量计算平台，高通量计算机也在持续发展，中国科学院计算技术研究所是最早开展高通量计算机研究的机构之一，在高通量计算机领域突破了一系列关键技术，包括高通量众核体系结构、高通量片上数据通路、标签化体系结构等。2018 年，由中国科学院计算技术研究所孵化的国家高新技术企业中科睿芯推出了"金刚"高通量计算机。华为也是国内最早开展高通量计算机研究的机构之一，早在 2013 年，华为就提出了高通量计算机的概念，目前华为基于鲲鹏计算架构打造高性能计算平台，同时利用 HTCondor 管理专用计算机群集上的工作负载，从而使华为高性能计算平台发展成为高通量计算系统。

第 7 章
基于 ITU-T Y.2501 的算力网络编排
管理层实践

算力网络从网络的角度将网络信息和算力资源相结合，对云计算节点、边缘计算节点进行统一管控，实现灵活的算力调度，以满足业务的差异化需求。ITU-T Y.2501 定义的算力网络功能架构从算力网络的需求出发，通过算力网络控制层收集资源层的资源信息，提供给服务层进行可编程处理，并根据返回的结果实现资源占用，建立网络连接，从而进行算力调度。这些都离不开编排管理层的管理和调度。

算力网络编排管理层包括算力网络安全、算力编排、算力建模、算力运营维护管理（Operation，Administration and Maintenance，OAM）模块。其中，算力网络安全模块负责应用与安全的相关管理，以减轻算力网络环境中的安全威胁；算力编排模块负责算力网络资源和服务的编排与管理；算力建模模块根据服务类型进行算力建模；算力 OAM 模块可以实现算力网络的操作、管理和维护。本章将对算力网络编排管理层的具体实践，尤其是对算力网络调度平台和算力网络在未来网络试验设施（China Environment for Network Innovation，CENI）上的具体实践展开系统的阐述。

7.1 基于 ITU-T Y.2501 的算力网络编排管理层概述

算力网络编排管理层是连接应用层和物理资源层的关键桥梁，它通过智能化的资源管理和调度机制，提高了资源使用的效率和灵活性，从而更好地支持各种计算密集型应用和服务。具体介绍可参考本书第 2 章。

7.2 算力网络编排管理层关键技术实现方案

算力网络编排管理层关键技术实现方案通过网络、存储、算力等多维度资源的统一管理和协同调度，实现连接和算力在网络中的全局优化。用户通过算力网关（如边缘计算站点）接入网络，设备节点根据应用服务的需求，综合考虑网络资源和计算资源的实时状况，将不同的应用调度到合适的计算节点进行处理，保证业务体验。算力网络编排管理层关键技术实现方案主要分为三大类，分别为集中式方案、分布式方案和混合式方案。

7.2.1 集中式方案

集中式方案通过集中式控制器统一收集全网的算力资源、网络资源及其他资源，用户将业务需求发送给集中式控制器，由该集中式控制器从全局视角进行最优的资源选择与分配。目前常用的集中式控制器主要有以下 3 类[30]。

（1）管理与编排（Management and Orchestration，MANO）控制器：负责纳管移动边缘计算（MEC）内的计算资源、存储资源、侧重占用率之类的宏观数据，其颗粒度无法满足算力网络的精细化编排和调度需求。因此，可以基于上述算力资源的标准化度量，对 MANO 控制器纳管的算力资源颗粒度进行扩展和增强。

（2）数据中心和边缘计算中心控制器：主要负责纳管云内网络拓扑资源。这种管理可以精确到服务器上具体的端口号，但对分层的算力资源和服务来说，其管理能力有限。因此，该控制器可以通过扩展和增强功能，涵盖对算力资源的精细化纳管。

（3）IP 承载网控制器：负责纳管承载网络域的拓扑资源。

1. 集中式方案架构

以某网络运营商实施的集中式方案为例,其架构主要由 4 部分构成,如图 7-1 所示[31]。

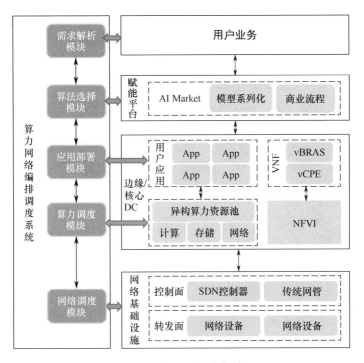

图 7-1　集中式方案架构

(1)算力网络编排调度系统:算力网络的资源管理和调度系统,根据业务需求对算力资源进行弹性调度,在满足业务实时需求的同时提高算力利用率。

(2)赋能平台:为用户业务部署赋能,如针对 AI 业务的 AI 赋能平台。

(3)边缘/核心 DC:业务部署节点,包含算力资源基础设施(包括底层设施、算力资源池等)和网络功能虚拟化(NFV)基础设施。其中,用户应用部署在异构算力资源池之上,vBRAS、vCPE 等虚拟网元部署在网络功能虚拟化基础设施(Network Function Virtualization Infrastructure,NFVI)之上。另外,图 7-1 中的虚拟网络功能(Virtual Network Function,VNF)是 NFV 架构中实施的具体网络功能的软件实例。

（4）网络基础设施：连接用户、边缘云、核心云的网络基础设施，包括控制面的 SDN 控制器、传统网管，以及转发面的网络设备。

其中，赋能平台、边缘/核心 DC、网络基础设施包含算力调度的基础资源，而算力网络管理编排调度系统负责对这些资源进行管理和编排，既要实现基于业务需求的动态算力调整，又要实现对各个层面资源的有机协调。

2. 算力网络编排调度系统的主要模块

算力网络编排调度系统的主要模块如下。

（1）需求解析模块：分析用户业务需求，将用户业务需求转化为算力资源需求，根据算力资源需求划分业务等级，以确定业务的部署位置、所需资源等信息。

（2）算法选择模块：根据用户的业务类型和需求解析模块的结果，在赋能平台为用户选择合适的部署算法，确定用户业务部署的规格。

（3）应用部署模块：根据算法选择模块的结果，将用户业务部署到指定的算力节点。

（4）算力调度模块：管理核心云和边缘云的算力资源，根据业务需求为用户分配相应的计算资源、存储资源、网络资源，并根据策略对业务部署位置、业务算力进行弹性调整。

（5）网络调度模块：管理用户、边缘云、核心云的网络，在部署或调整用户业务之后，将用户配置到业务处理节点之间的网络，将用户流量路由到处理节点。

上述模块的部分功能可以借助现有的技术实现，如算法选择模块使用大数据分析技术，应用部署模块借助边缘计算管控平台，算力调度模块使用网络功能虚拟化编排器（Network Function Virtualization Orchestrator，NFVO），网络调度模块使用 SDN 控制器等。

需求解析模块则需要根据服务的用户类型进行设计，形成标准化模板，用户根据自身的业务规模提出不同的需求，算力网络编排调度系统将业务需求转化为具体的算力资源调度方案，并为用户分配合适的基础资源。对已实现的南向接口协议（如 Netconf、OpenFlow 等）进行增强，可以实现集中式算力网络编排调度系统。

7.2.2　分布式方案

分布式方案是基于网络运营商承载网的分布式控制能力设计的。该方案结合了承载网网元自身的控制协议扩展，并通过复用现有的 IP 网络控制平面分布式协议实现算力信息的分发和基于算力寻址的路由选择，同时综合考虑网络资源和计算资源的实时状况，将不同的应用调度到合适的计算节点进行处理，从而实现连接和算力在网络的全局优化[32]。

1. 算力资源状态同步

算力节点所提供的服务种类繁多，导致其资源状态频繁变化，服务的生命周期可能极短（如毫秒级别），也可能相对较长（如数分钟至数小时）。这种动态性使精确定义算力资源状态同步时机变得复杂。虽然频繁的状态更新可以确保更高的信息同步精度，但同时会增加网络传输和路由设备的负担。因此，基于实际应用场景中的网络运营数据确定算力资源状态同步的周期，是一种较为实际的解决方案[33]。

算力资源状态分布式同步的网络拓扑示意如图 7-2 所示。从图中可以看到，支持同样算力能力的节点可能分布在多个算力网络转发节点管理域内，转发和路由设备根据网络资源和算力资源的状态进行联合路由决策，选择最优的算力节点进行应用流量转发。

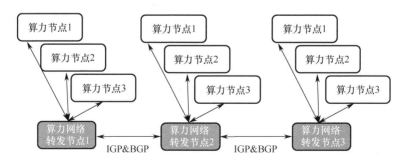

图 7-2　算力资源状态分布式同步的网络拓扑示意

2. 算力网络入口节点源路由编排

由算力资源状态同步可知，算力网络入口节点通过分布式算力资源状态信息的同步创建全网算力资源信息数据库，在接收到来自用户的算力需求后，为用户进行全网最优算力资源映射，并据此转发应用流量。因此，在分布式算力网络架构下，入口节点执行路径和路由规划，即源端路由规划，并完成数据面的路由封装，后续转发和路由节点据此进行流量转发。段路由（Segment Routing，SR）技术可以支撑该场景下算力网络数据面的封装和转发机制，基于 MPLS 与 IPv6 网络的算力网络分别构建在 SR-MPLS 和 SRv6 的数据面上。

7.2.3　混合式方案

集中式方案与分布式方案各有优势，适用于不同的场景。混合式方案既有集中式交互机制，又有分布式交互机制，能在多种应用场景中有效平衡实施成本、响应速度等关键需求。

1. 局部及本地算力资源状态采用分布式方案

边缘算力节点就近注册（含更新、删除）其算力信息到对应的算力网络转发和路由节点，由后者创建本地算力资源信息数据库，即把算力资源节点和算力网络节点从逻辑上分开，算力资源节点的资源信息由本地算力网络节点代理管理和维护，从而避免大量边缘节点或 MEC 与编排器或控制器交互，将算力资源状态的同步本地化，提高收敛速度，尤其是对于只需要本地化算力资源调度的应用和业务，响应速度更快[33]。

对于中小规模的边缘算力网络，如网络节点为 20 个左右，算力网络转发和路由节点之间的算力资源通告与同步通过分布式协议 IGP& BGP 实现，从而发挥小规模网络分布式同步快速收敛的优势。

2. 关键算力节点采用集中式方案

对于更大范围的全局算力资源状态同步，则由局部网络中的代理节点集中向集中编排器或控制器交互，发挥集中式方案大规模全网资源视图的优势。一些重要的算力节点,如网络运营商边缘云数据中心、第三方云数据中心等,可以选择两种资源同步方式,以适应更加灵活多样的应用算力需求,它们既可以通过局部分布式协议进行资源同步,也可以通过与编排器或控制器交互实现资源同步和策略下发。混合式方案架构如图 7-3 所示。

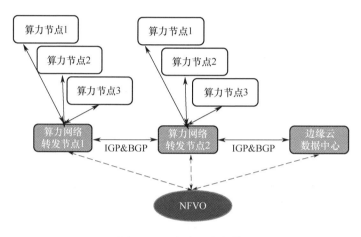

图 7-3　混合式方案架构

在混合式方案下,利用分布式方案的本地化和集中式方案大规模全局资源视图的融合优势,可以较好地实现时延敏感型算力业务和全网资源优化业务之间的需求平衡。

7.3　算力网络编排管理层实践

算力网络编排管理层的实践主要涉及两方面:技术实现方案对比与算力网络编排调度平台构建。接下来将分别详细介绍这两方面。

7.3.1　技术实现方案对比

正如前文所述,算力网络编排管理层技术实现方案可归纳为集中式、分布式和混合式三大类,旨在满足多样化的业务需求。在确定最优的算力编排与调度策略时,必须综合考虑业务场景、技术特点和性能要求。算力网络编排管理层的 3 种技术实现方案各有其特点和适用场景，下面分别进行具体介绍。

（1）集中式方案。集中式方案包括基于 SDN/NFV 的算网编排管控和基于域名解析机制的编排管控。集中式方案基于中心化管理编排系统进行状态同步，同步代价相对较小，便于实现全局优化的资源分配和路由策略，适用于对资源管理和控制要求较高的场景，可用于较大规模的网络。

（2）分布式方案。分布式方案将资源调度任务分散到各个算力路由节点，每个节点维护一部分实时状态信息，并在此基础上实现算网协同调度。这种方案可以提高系统的可扩展性和容错能力，具有实时性高、数据面调度转发速度快的特点，比较适用于时延敏感型业务。但该方案在没有集中式控制的情况下，节点之间的协同调度可能会变得复杂，需要依赖高效的通信协议和算法来保证网络的整体性能。

（3）混合式方案。混合式方案融合了集中式方案和分布式方案的优势，集中管理优化整体资源分配，同时依靠分布式处理提升系统的灵活性与响应速率。该方案在实践中较为复杂，但能够更好地适应不同的业务需求和环境变化。

总体而言，集中式方案拥有全局资源视图优势，并且对设备和现行协议的影响较小，但由于大量计算节点和网络节点需要频繁与编排器或控制器进行交互，收敛速度慢，效率较低，无法适应对时延敏感的算力应用。分布式方案能够较好地解决集中式方案的弊端，但是它涉及现网设备和现行协议的大幅调整，代价高昂，落地周期更长。混合式方案融合了集中式方案和分布式方案的优势，是目前比较常用的一种方案。接下来将详细阐述混合式方案在算力网络编排管理层的具体实践。

7.3.2　算力网络编排调度平台实践

2021 年 5 月，国家发展改革委确定将甘肃纳入全国一体化算力网络国家枢纽节点，甘肃电信为响应国家"新基建""东数西算"等重大发展战略及集团云网融合战略，组建了由中国电信集团科创部、中国电信研究院、中国电信甘肃分公司、中电万维信息技术有限责任公司组成的算力网络编排调度平台科创团队，开展算力感知、算力路由、算力交易、算力编排、算力监管等前沿研究和实践。一阶段建设完成算力汇聚、算力交易、算力调度及"东数西算"场景试点等功能，具备算力调度与运营能力，目前正在加快算力撮合运营和跨域调度研究，全面推进算力网关、云网融合、算力运营、天翼安全等能力的建设及运营，通过算力网络编排调度平台的建设推动算力产业发展。

算力网络编排调度平台遵循中心化、服务化的架构原则，重点研发多云纳管、算网编排、资源管控等功能，实现算力服务、管理全流程的云网核心能力，助力算力共享与高效应用。其总体架构如图 7-4 所示。该平台的建设分为 3 个阶段，旨在实现以下核心功能：云网一体化管理、算力调度网络、云网调度编排、算力交易、算力指标监管、智慧机房管理、全链路监控、数据中台、安全中台等。

该平台适用于组织或企业需要统一管理和协调多云环境的情况，包括对公有云、私有云、容器云和信创云等多种云服务能力的集成与管理。它提供云网一体化管理、算力调度网络和云网调度编排等功能，用于管理和控制网络、调度算力资源和服务。该平台提供算力交易功能，使算力提供方能按需向算力消费方提供合适的资源。此外，该平台还支持算力指标监管功能，为监管部门提供决策支持和指标评估。智慧机房管理功能通过虚拟 3D 可视化数据中心实现资源展示、资产管理、设备监控和环境监控。全链路监控实时采集各个维度的数据，并提供监控状态和故障告警。数据中台提供数据采集、分析和处理等服务，为算力调度提供决策支持。安全中台通过安全预测、安全防护等功能，为平台提供了一个强大的安全保障框架，有效预防和应对安全威胁。下面将对该平台的主要功能模块进行介绍。

1. 异构算力资源纳管功能模块

该模块主要包含两个功能：云网一体化管理和算力调度网络。

（1）云网一体化管理聚焦研发多云共管、云网协同等一体化云网系统，通过对计算、存储、网络、容器等资源的多层协同编排，实现多云资源的统一部署、运维和运营管理，形成集公有云、私有云、容器云、信创云于一体的云服务能力。

（2）算力调度网络是实现云网融合、算网一体调度的基础，其通过算力网关、算力路由、算网融合及算网控制等网络关键技术为上层云网一体化调度提供服务能力。云网采控组件获取算力网关收集的数据，将其作为算网编排与调度的数据基础。

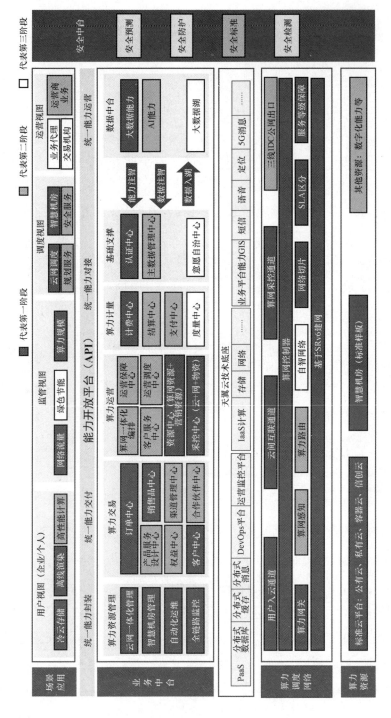

图 7-4　算力网络编排调度平台总架构

2. 异构算力云网编排功能模块

该模块主要包含云网调度编排和算力交易等功能。

（1）云网调度编排在 IP 承载网络域，通过精细化动态感知，网络控制器或网络节点可以创建基于多云池内算力资源和服务状态的算力路由表，并据此进行算力资源和服务的编排调度。

（2）算力交易平台与云网编排系统对接，算力服务门户与云网编排系统对接。为用户提供更加丰富、个性化的算力服务体验。

3. 算网管理功能模块

该模块主要包含算力指标监管、智慧机房管理、全链路监控和自动化运维等功能。

（1）算力指标监管包含算力网络、算力规模、算力环境、算力应用、算力交易、算力服务六大指标体系，通过可视化大屏的形式为监管部门提供决策支撑、远程控制、规划指导和指标评估。

（2）智慧机房管理基于物理数据中心的虚拟 3D 可视化数据中心，应用数字孪生、UE4 技术，提供资源 3D 全景展示、机房资产管理、设备监控、环境监控及告警等功能。

（3）全链路监控可实时采集监控硬件、操作系统、中间件、应用程序等各个维度的数据，并反馈监控状态、故障告警和辅助运维。

（4）自动化运维主要把系统中周期性、重复性、规律性的工作交给系统去做，支持研发运维一体化、巡检智能化和故障处理智能化等；通过统一门户将各个任务的情况进行统一展示，实现平台各个运维指标的告警、管理、展示和指挥调度。

4. 算力监管门户和运营服务门户功能模块

该模块主要由数据中台和安全中台组成。

（1）数据中台面向支撑算力所需的各项数据采集、数据分析、数据处理等服务，为算力调度提供数据决策支持，同时全面支持算力应用中的数据服务需求。

（2）安全中台按照"1 个中心、6 个纵深维度及多项标准规范"，全方位、多维度保障算力网络编排调度系统的安全可靠，从安全预测、安全防护、安全标准及安全检测等方面建设平台的安全能力，并为所承载的业务提供安全服务能力。

7.3.3　算力网络编排调度系统 2.0 计划

随着算力网络编排调度系统基础建设的初步完成，算力网络编排调度系统 2.0 计划正在全面展开。该计划的目标是构建一个高效率、智能化的算力网络编排管理与调度系统，以实现多种算力资源的灵活整合和便捷使用。

1. 整体规划

"东数西算"是政策层面的战略布局，东部流量转移至西部的主要支撑是东西部省份的"结队"模式。甘肃省庆阳市是全国唯一对接 3 个业务热点区域的枢纽节点。按照顶层规划设计，甘肃作为算力供给省份，需要具备承担 30%上海算力需求和全国 5%算力需求的能力。甘肃以庆阳集群节点为核心，将省内的算力资源进行整合，搭建算力网络，实现域间算力调度，为东部发达省份提供算力能力。

该规划以"两核心、三支点"为建设指引，基于"一张网""一个脑"，高度协同省内自营算网资源，统筹规划资源布局，通过政策引领，按需纳管省内社会化算力资源，率先探索算力统一大市场。

2. 算力运营商

算力运营商应加大算力服务支撑和渠道运营力度，实现全国算力规模拓展；开放算网接入标准，实现算力资源自主接入。同时，对算力产品进行包装，并在算力交易门户上架，提供各类计费方案，包括按次消费、预付费、后付费等，以覆盖广泛的应用场景，并满足不同的业务需求。

下面以渲染业务为例介绍算力电商的渲染云产品。维渲云是中电万维信息技术有限公司（以下简称"中电万维"）基于算力资源、算力网络编排调度平台和渲染引擎开发的服务。该服务通过提供超高计算能力和图形处理能力的弹性渲染，提高渲染效率，实现终端设备的轻量化。它的核心优势在于中电万维自研的算力网络编排调度平台提供的强大的算力资源管理和调度能力。该平台能够实现毫秒级别的资源调度，轻松管理上百万个渲染帧队列，远超业界平均水平。

用户通过电商门户完成商品订购，审核通过后上传原始素材至云端存储，再将渲染任务提交至维渲云平台。维渲云平台对接算力网络编排调度平台后，由后者根据多维规则智能、动态地拆分渲染任务，并将任务下发至空闲且可以满足需求的渲染算力集群完成工作，再将结果回传给用户。最后，用户下载结果至本地，即可拿到最终渲染效果，所有的工作均由云端处理完成。

云渲染服务可以为用户提供灵活的计算资源，缩短渲染时间，提高渲染效果，大幅降低投资成本。通过选择云渲染，用户可以更加便捷地在远程服务器上运行渲染软件。维渲云以云端算力为底座支撑，设置了文件管理、渲染任务管理、渲染资源管理等功能模块，根据渲染引擎对渲染任务进行分析，结合渲染任务的大小、采样率、资源等将渲染任务进行智能拆分，统一调度多云异构的 CPU、GPU 等渲染资源，针对市面上众多主流渲染软件进行松耦合集成，满足不同应用场景的需求。

7.4　全国主要算力网络编排调度平台

截至 2023 年 6 月，我国发布全国主要算力网络编排调度平台 9 个，超过一半已投入运营。其中，由地方政府主导建设的平台有 8 个，它们一方面整合省内算力资源，提供算力调度和交易服务；另一方面聚焦"东数西算"工程中的国家枢纽节点，探索新场景落地，提供跨域算网调度能力。

从行业来看，算力平台仍处于初步启动期，建设主体多元且功能定位各有侧重。一是网络运营商基于网络优势，提供跨域调度、高速互联及定制化的解决方案，如中国移动的算力并网服务平台。二是研究机构凭借核心技术支持，提供算力并网和异构算力调度等前沿研究与实践，如鹏城中国算力网已接入超过 20 个算力中心，为高校等提供算力服务。三是科技型企业（如云服务运营商、AI 企业、设备厂商）

依托自身的技术积累和市场优势，提供高性能、商业化算力服务，如中科曙光全国一体化算力服务平台。本节将对已上线的算力网络编排调度平台进行介绍。

7.4.1　政府主导的算力网络编排调度平台

上海市人工智能公共算力服务平台依托上海超算中心建设并运营，并于 2023 年 2 月 20 日正式揭牌投用。网络运营商及商汤、华为、腾讯等智算中心踊跃加盟该平台。该平台通过对各种公共算力和商业算力的集聚调度，提供普惠算力，实现省内算力资源的调度和交易。

北京算力互联互通平台是在工业和信息化部的指导下，北京市通信管理局委托，由中国信息通信研究院牵头，联合中国科学院计算机网络信息中心、天翼云等机构和企业共建的平台，于 2023 年 3 月正式上线。该平台目前已汇聚天翼云、移动云、科技云、华为、曙光智算、鹏博士 6 家单位，有 18 个算力节点资源，能够整合分散在各地区、各领域的优质算力资源，通过统一接口、统一计费等方式，实现算力资源跨区域、跨领域、跨机房的动态调配和优化利用。

贵州枢纽算力调度平台由云上贵州大数据（集团）有限公司联合中软国际云智能业务集团承建，于 2022 年首次上线，并在 2023 年 5 月举办的中国国际大数据产业博览会上发布 2.0 版本。该平台目前已汇聚 18 个数据中心的算力服务，形成了贵州省公共算力资源池，支持多层级算力节点纳管和算力节点内一云多网环境的适配，同时支持异构多云资源调度，实现贵州省、市、县算力一体化调度。

甘肃省算力资源统一调度平台由甘肃省发展改革委主导建立，于 2023 年 3 月 14 日正式上线。该平台统筹金昌、酒泉、张掖、兰州新区等多地数据中心，支持工业仿真、视频 AI 分析、人工智能问答等多个应用场景，可以提供算力资源统一展示、业务统一监管、交易统一受理等"一站式"在线服务。该平台将为甘肃省数字政府、智慧城市、产业发展等各领域灵活提供统一的算力、数据和服务支撑。

7.4.2　科研机构主导的算力网络编排调度平台

中国算力网（China Computing NET，C²NET）由鹏程实验室主导，其建设的愿景是：像建设电网一样建设国家算力网，像运营互联网一样运营算力网，让用户像用电一样方便地使用算力。

中国算力网一期规划（C²NET-1.0）的时间是 2022 年 7 月至 2025 年 12 月，目前正在推进和实施当中，其总体建设目标包括以下 3 个。

（1）算力汇聚。构建不同节点的高速网络互联，研制云平台，实现算力的统一运维管理与弹性分配，为大模型提供可以跨节点分布学习的超级算力网络。

（2）资源汇聚。集合最全的公共数据资源，实现不同节点之间公共数据、模型等资源的安全开放、拉通共享、可信流动。

（3）自生态汇聚。构建最强的生态聚合平台，实现不同节点之间模型能力的统一开放，共享不同节点之间的应用创新成果，运营以智算网络为底座的开源社区。

目前中国算力网已接入鹏城云脑、武汉 AI 中心、济南超算等 10 个算力平台，跨域纳管了 20 多个智能算力集群。未来该平台将建成覆盖国家超算中心、智算中心、数据中心等大型异构算力中心的，互联互通、高效协同的国家级算力网络基础设施。

7.4.3　企业主导的算力网络编排调度平台

2021 年 7 月，中科曙光推出了全国首个一体化算力服务平台，该平台用于多元算力资源的融合调度和弹性供给。如今，该平台已经更新到 4.0 版本。该平台以客户体验为中心，目前已服务国内外 10 万名以上用户。其聚焦科学计算、工程计算和智能计算等场景，覆盖气象、生物信息、材料、智能制造等领域，将全国算力资源进行有机结合，实现资源与需求的调度和匹配。

由中国移动主导的"算网星图"算力并网服务平台仍在建设中，目前已实现与紫光云、区域市场云等的算力并网对接验证，支持"东数西训""东数西存"等场景。

由中国联通主导的算网一体化（怀来）编排调度平台仍在建设中，目前面向

"东数西算"工程构建云、网、边一体算网智能化编排调度体系，实现东西部枢纽节点之间跨区域、区域内、多云协同的算力高效调度，提供算网一体化服务。

中国电信的专业公司和省级分公司正积极投身于算力平台的研发与构建工作，至今已成功推出息壤、云骁、星河等一系列算力平台，并与中国信息通信研究院联合发布了全国一体化算力算网调度平台（1.0 版）。

Chapter

8

第 8 章
算力网络在"东数西算"场景中的实践案例

"东数西算"工程是一项国家级重点跨区域资源调配工程,属于国家四大工程之一。它针对数字经济发展的核心要素——数据和算力进行战略规划,旨在通过全国高速网络的深度融合,实现对全国算力资源的整合与优化。该工程推动东部地区的算力需求与西部土地、能源等资源之间的相互补充和高效匹配,对中国数字经济的持续发展具有深远影响。为了响应这一国家战略,众多企业积极开展相应的实践,以具体行动支撑"东数西算"工程的实施。本章将详细阐述算力网络在"东数西算"战略背景下的实践案例,展现其应用成效和价值。

8.1 "东数西算"战略背景

当今世界正在经历百年未有之大变局,数字经济成为全球大变局下可持续发展的新动能。根据中国信息通信研究院的数据[34],2022 年全球 51 个主要国家的数字经济增加值规模达到 41.4 万亿美元,占 GDP 的 46.1%,对全球经济的贡献持续增强,发展数字经济逐渐成为各国的重要战略部署。在这样的背景下,我国提出"东数西算"这一推动经济发展的重大战略部署,以进一步优化数据中心建设布局,促进东西部协同联动。

8.1.1 我国数字经济发展情况

"十三五"期间,我国数字经济整体实现新跃升,数字经济规模从 2015 年的

18.6万亿元增长到2019年的35.8万亿元，在GDP中的比重从27%上升到36.2%[35]。"十四五"期间，数字技术加速群体突破，数字化转型将向更广领域、更深层次加速推进，信息革命正向新高度、新阶段持续跃升[36]。我国发展数字经济的各项指导政策层出不穷：党的十九大提出要建设网络强国、交通强国、数字中国、智慧社会；2020年年底的中央经济工作会议提出要大力发展数字经济；相关部委陆续发布了《关于推进"上云用数赋智"行动 培育新经济发展实施方案》《关于发展数字经济稳定并扩大就业的指导意见》等政策。

随着各行业数字化转型升级进度的加快，特别是随着5G等新技术的快速普与应用，全社会数据总量呈爆发式增长，数据资源存储、计算和应用需求大幅提升，迫切需要推动数据中心合理布局、供需平衡、绿色集约和互联互通。然而，目前我国的总体算力供需格局失衡。根据科智咨询的统计，我国31个省部署了各类数据中心，主要集中在北京、上海、广州和深圳等一线城市及周边地区，而中西部地区分布较少，互联网数据中心资源占比不足 30%[37]。然而，东部地区算力应用需求大，算力资源使用异常紧张，而西部地区算力资源十分宽裕，发展数字经济亟须构建布局合理的算力数据中心。"东数西算"成为中国数字经济发展的重要引擎，数字经济的崛起为"东数西算"布局提供了动力[38]。通过"东数西算"工程构建布局合理的算力数据中心是未来我国算力发展的重要方向，也是促进我国产业数字化向更广领域、更深层次探索的国家级举措。

8.1.2 "东数西算"的内涵及战略意义

2021年5月24日，国家发展改革委、中央网信办、工业和信息化部、国家能源局联合印发了《全国一体化大数据中心协同创新体系算力枢纽实施方案》，统筹围绕国家重大区域发展战略，根据能源结构、产业布局、市场发展、气候环境等，在京津冀、长三角、粤港澳大湾区、成渝、贵州、内蒙古、甘肃、宁夏等地布局建设全国一体化算力网络国家枢纽节点，发展数据中心集群，引导数据中心集约化、规模化、绿色化发展。2022年2月17日，国家发展改革委、中央网信办、工业和信息化部、国家能源局联合印发通知，同意在京津冀、长三角、粤港澳大湾区、成渝、内蒙古、贵州、甘肃、宁夏等地启动建设国家枢纽节点，并规划了10

个国家数据中心集群。

在"东数西算"这一概念中，"东"指东部地区，即京津冀枢纽、长三角枢纽、成渝地区、粤港澳大湾区枢纽；"西"指西部地区，即贵州地区、内蒙古枢纽、甘肃枢纽、宁夏枢纽；"数"指东西走向的数据资源；"算"指快速增长的算力规模[39]。"东数西算"本质上是把东部的数据输送到西部来计算和存储，通过一体化数据中心布局和算力网络，充分利用西部地区自然资源丰富、运营成本低的优势，规避东部地区资源紧张的劣势，提高西部地区的能源利用率，同时填补东部地区的算力需求缺口，整体上实现算力资源的合理调配。"东数西算"工程可以实现东部和西部的有效对接、算力资源的高效调度、供需关系动态均衡的良性发展。

在"东数西算"战略大背景下，我国数字经济迎来重要发展契机。实施"东数西算"工程，实际上是在落实国家"十四五"规划中关于构建全国一体化大数据中心体系、强化算力统筹的重要战略部署，使以数字化为代表的新型基础设施布局更加合理，从整体上改变数字基础设施在东部地区聚集的格局，促进东西部经济协调发展。"东数西算"工程对于平衡我国数字基础设施布局、促进我国数字经济发展具有深远的战略意义。

8.1.3 "东数西算"发展布局

"东数西算"工程通过构建数据中心、云计算、大数据一体化的超级算力网络体系，促进数据要素的流通应用，实现东部算力需求和西部能源供给的联动调配，提升算力服务的品质和使用效率，实现国家数字经济发展和碳中和目标[40]。

在国家枢纽节点整体定位方面，对于京津冀、长三角、粤港澳大湾区、成渝等用户规模较大、应用需求强烈的节点，重点统筹好城市内部和周边区域的数据中心布局，实现大规模算力部署与土地、用能、水等资源的协调可持续，优化数据中心供给结构，扩展算力增长空间，满足重大区域发展战略实施需要。对于贵州、内蒙古、甘肃、宁夏等可再生能源丰富、气候适宜、数据中心绿色发展潜力较大的节点，重点提升算力服务品质和利用效率，充分发挥资源优势，夯实网络等基础，积极承接全国范围内的后台加工、离线分析、存储备份等非实时算力需求，打造面向全国的非实时性算力保障基地。

建设国家枢纽节点需要做好以下统筹布局。

（1）国家枢纽节点之间要进一步打通网络传输通道，提高跨区域算力调度水平。同时，加强云算力服务、数据流通、数据应用、安全保障等方面的探索实践，发挥示范和带动作用。

（2）国家枢纽节点以外的地区统筹省内数据中心规划布局，与国家枢纽节点加强衔接，参与国家和省之间的算力级联调度，开展算力与算法、数据、应用资源的一体化协同创新。重点推动面向本地区业务需求的数据中心建设，加强对数据中心的绿色化、集约化管理，打造具有地方特色、服务本地、规模适度的算力服务。

实施"东数西算"策略还需要考虑以下 3 个方面：一是加大对已有数据中心的整合利用，避免过度浪费和重复建设；二是平衡不同数据集群之间的算力成本，实现"双碳"目标下的能源一体化，整体降低算力成本；三是加强政府作用与市场力量的有机结合，正确处理两者之间的关系，在政策的指引下更好地发挥市场在需求牵引、应用创新中的关键作用，保障算力行业健康发展。

8.2 算力网络的价值及建设需求

"东数西算"是数字经济大趋势下，实现资源合理化布局和区域协同发展的国家顶层战略。算力网络的建设是通信业突破网络运营商传统资产域概念，共建开放互联能力平台的最新探索。某网络运营商践行国家发展战略目标，积极落实国家"东数西算"战略，全方位部署数据中心、DCI 网络、算力和天翼云，前瞻性布局算力网络，实现"2+4+31+X+O"层次化部署，并在西部省份开展算力调度平台建设，同时推进天翼云西北节点、大数据中心、西安—庆阳—中卫/银川光缆工程、庆阳—西安—郑州光缆工程等的建设工作，在差异化定位的基础上，通过构建数据中心、云计算、大数据一体化的新型算力网络体系，将东部的算力需求有序引导到西部，优化数据中心建设布局，促进东西部协同联动。

8.2.1　算力网络的价值

算力网络实践对于整合西部省内全域算网资源、面向东部业务流量转移提供承接能力、带动省内数字经济发展具有重要意义。同时，算网平面的成功建设将为全国算网调度新趋势开拓最佳实践案例，引领建设方向。

1. 新业务涌现，对网络和算力资源提出了更高要求

算力是数字经济时代的核心生产力，大模型训练需要强大的集中算力。根据 OpenAI 的报告，训练一次 GPT-3 模型，需要使用 1120 张 80 GB 显存的 A100 GPU 训练 20 天。2022 年之后，生成式 AI 应用迎来爆发式发展，全球市场空间预计由 2022 年的 108 亿美元递增至 2032 年的 1181 亿美元。各行各业 AI 大模型的不断发展需要超大型智算中心提供此类训练服务。

算力在多个行业领域和业务场景获得了越来越广泛的应用，但不同业务对算力和网络的需求不同，主要表现为网络低时延、高移动性、大算力、流量潮汐等多样化需求。典型的低时延场景为 VR/AR，在此类场景中，用户参与度较高，时延需求主要来自人与人或人与设备之间的流畅交互，因而时延成为影响用户体验的决定性因素。典型的高移动性场景为自动驾驶，在此类场景中，车辆要在复杂的交通环境中及时感受到环境的变化并做出反应，需要不断切换算力服务节点的位置，从而达到自动驾驶所需要的毫秒级时延。典型的大算力场景为飞行模拟、气候模拟和基因测序等高精尖科学研究场景，其计算任务密集，对精确度要求极高。典型的流量潮汐需求场景为办公楼视频监控，其在白天和夜间的计算需求量会发生明显的波动。

通过某电信运营商开展的算力网络实践，西部省内市场借助算力专网，实现入云通道一点接入全域共享，并提供云间互联通道（可跨云服务运营商），同时借助算力调度平台实现云网统一编排，满足用户的各类需求，实现用户一键入云，以服务为抓手，抢占西部省内市场。西部省外市场一方面通过算力专网建立与主要云服务运营商之间的数据交换通道，并借助算力调度平台实现全流程编排；另一方面推动政府牵头，建立与各大行业专网之间的数据交换通道，

积极建立生态圈，借助生态圈拉动西部省内算力资源外销。

2. 新技术规模部署，为算力网络提供最佳的技术选择

在 IP 承载网络域，通过精细化动态感知，网络控制器或网络节点可以创建基于多云池内算力资源和服务状态的算力路由表，并据此进行算力资源和服务的编排调度。这是以网络为基础平台的算力网络架构的核心要素。也就是说，在 IP 拓扑路由的基础上新增算力资源和服务路由，使路由策略约束机制由当前的 IP 拓扑单约束演变为 IP 拓扑和算力双约束。这给网元控制面、转发面和管理面均带来了新的挑战，也是算力网络为 IP 网络引入的全新议题。

在传统的 MPLS 中，SR-MPLS、SFC 等技术往往仅能支撑路径或业务的独立部署，SRv6 独特的 Locator+Function SID 设计可以同时提供路径和业务的规划能力，为两者的结合提供了完美的手段。在网络和业务编排器的支撑下，SRv6 能够实现云网路径拉通和业务定义能力，为算力网络和端到端业务的定义提供最佳的技术选择。

SRv6 网络中用 Segment（段）表示网络路径和网络服务，通过在 IPv6 报文中携带分段列表，为报文提供定制的转发路径和服务。SRv6 Segment 代表网络指令，它的标识简称为 SRv6 段标识（Segment ID，SID），SRv6 SID 是一个 128 bit 的 IPv6 地址，总体上分为 3 部分内容：Locator、Function 和 Argument，如图 8-1 所示。

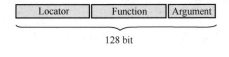

图 8-1　SRv6 SID 示意

（1）Locator：标识 SID 所在的节点，IGP 向其他节点通告 Locator，使其他节点形成 Locator 网段路由，实现 SID 的可达性。Locator 的长度可以根据网络规模来设计。

（2）Function：节点上的网络功能标识。

（3）Argument：网络功能需要的参数。

SRv6 扩展了 RFC 2460 标准中路由报头（Routing Header，RH）的定义，新增了一种路由报头——SRH，以包含 Segment List。SRH 格式如图 8-2 所示。IPv6

报头（IPv6 Header）部分中的 Next Header 取值为 43，表示下层头为路由扩展头（Routing Extension Header，REH）。

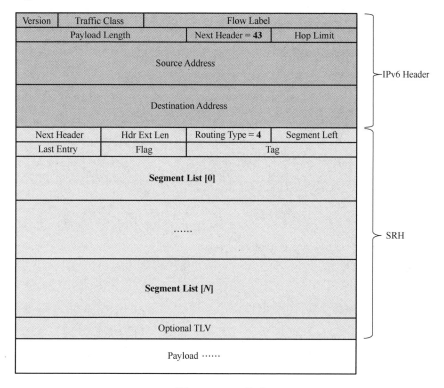

图 8-2　SRH 格式

SRH 中各字段的解释如表 8-1 所示。

表 8-1　SRH 中各字段的解释

字　段　名	解　　释
Next Header	标识该 SRH 所封装的下层头类型
Hdr Ext Len	该 SRH 的长度（以 8 字节为基本单位），不包括前 8 字节
Routing Type	标识路由报头类型，4 字节
Segment Left	标识还剩下多少个 Segment 待转发。头节点在发出报文时，Segment Left 设置为 $n-1$，n 为 SR 策略（SR Policy）的 Segment 总数
Last Entry	索引，指 SRH 中的 Segment List[]数组中最后一个数组元素对应的下标（由于 SRH 中的 SID 是逆序存放的，Last Entry 实际上是逻辑上第一个 SID 的下标），它的作用是给出 SRH 中实际包含的 Segment 总数，取值一般为 $n-1$，在 reduced-SRH 模式下为 $n-2$，假设 n 为 SR policy 的 Segment List 中所包含的 Segment 总数

（续表）

字 段 名	解 释
Flag	预留标识位，用于特殊处理，如 OAM
Tag	用于标识报文属于同一类或同一组，如具有相同的属性集合的报文
Segment List[ ]	Segment List[0]表示最后一个 Segment，Segment List[N]表示第一个 Segment
Optional TLV	目前仅定义了 HMAC TLV 和 PAD TLV，注意它们不用于路由，不用于指导转发 PAD TLV 可以使 SRH 整体为 8 字节的整数倍 HMAC 的英文全称为 keyed Hashed Message Authentication Code，即密钥散列消息认证码，该 TLV 可选，用于校验报文的源头是否允许在报文的目的地址（DA）中使用当前的 Segment，并确保报文在传输时没有被修改

基于 SRv6 的算力路由通过对业务需求、算力资源和网络资源的感知，动态选择满足业务需求的"转发路径+目的服务节点"，实现算力和网络在交易、运营、调度、编排、转发等维度的深度融合。

3. 获得算网控制权，谋求未来竞争优势

通过算网一体化调度试点项目，建设西部省内算力专网，连接尽可能多的西部省内算力资源池和跨域算力通道，尽快实现西部省内算力资源和跨域算力通道并网，借助算力专网解决西部省内不同算力资源池各自为战、资源无法共享的问题，通过进行智算中心、备份中心等能力中心的共建共享，为西部算力枢纽引流。

此外，积极与政府联动，发挥先行优势，依靠"算力专网+算力调度平台+调度标准"掌握算网控制权，获取未来竞争优势，并根据使用效果进行改进，打造算网调度标杆，面向全国推广。借助政策推动算力专网与各网络运营商大带宽互联，为省内 IDC 机房提供三线互联网出口，还可以借助完备的基础设施环境，吸引更多互联网头部客户落地或增加投入，不但可以带动机柜和网络资源的销售，还可以进一步完善西部算力枢纽与算力生态圈，催生更多业务。

8.2.2 算力网络建设需求

未来在构建数据中心和算力网络基础设施的过程中，必须深入考虑算力网络建设的各项需求。这不仅涉及如何高效处理日益增长的业务流量，还涉及如何打造一个既稳定又灵活的网络架构，以及如何开发一个能够智能调度和管理算力资源的平台。下面将详细探讨这三方面的需求。

1. 业务流量方面

某省作为西部枢纽算力节点，其应用和商业模式为积极承接全国范围内的后台加工、离线分析、存储备份等非实时算力需求，打造面向全国的非实时性算力保障基地，重点支持对海量数据的集中处理，支撑工业互联网、金融证券、灾害预警、远程医疗、视频通话、人工智能推理等抵近一线的、高频实时交互型业务需求，数据中心端到端单向网络时延原则上在 20 ms 以内。"东数西 X"类业务带宽需求如下。

1)"东数西存"的带宽需求

根据业内数据，目前我国境内每秒平均新增"冷数据""温数据"约 60 TB，如果将其中 1%的数据"东数西存"于该省，将需要 1 Tbps 的带宽（按 50%带宽利用率估算）。2025 年，我国数据量将占全球的 27.8%，我国数据增量年均增速超过 30%，带宽需求日益强烈。由于该省 14 个地市各数据中心的能力、属性、业务特性各不相同，需要从某市进行数据汇总后传送到各地市，累计带宽 10 Tbps。

2)"东数西备"的带宽需求

国内历史数据通过"东数西备"传输到该省进行备份，将在 3～5 年内产生持续的带宽需求，待数据全部同步后，此类带宽需求将逐步减小。

3)"东数西算"的带宽需求

某省一体化大数据中心通过分布在 14 个地市的资源池对外呈现为统一的运算平台，现有 11.5 万架机架。如果将业务全部割接，将需要 10 Tbps 级别的带宽需求。同时，高性能计算对带宽和时延要求很高，需要整个资源池的各种算力实现高带宽互联，以满足高性能计算的要求。

2. 网络建设方面

目前，该省大、中、小型数据中心约 70 个，机架约 11.5 万架，分布在 14 个地市，归属不同的网络运营商、云服务运营商，分不同线路接入不同网络运营商的网络。这些数据中心缺乏统筹规划，数据中心资源没有形成规模化、集约化优势，产业集聚效应不明显，对外无法形成较大的影响力。需要统筹全省数据中心、云服务、数据流通与治理、数据应用、数据安全等关键环节，连接省内各数据中心，提升互联互通能力，进行资源整合，建成物理分散、逻辑集中、动态调配的大型绿色低碳数据中心集群，推动该省数据中心一体化集聚发展，形成东部地区和西北地区算力疏解通道，培育数字经济新动能。

通过构建一张覆盖该省 14 个地市的算力调度专网、省内资源池互通的高速通道，首先接入中国电信的数据中心，之后逐步接入中国联通、中国移动、中国广电、云服务运营商等的数据中心和算力资源。算力调度专网北向先接入中国电信骨干网，提供自营体系内各类业务东西互通；南向逐步接入省内多方算力资源与算力需求，加快推动数据中心联通共用，提升网络运营商和互联网企业的互联互通质量，优化数据中心跨网、跨地域数据交互，实现更高质量的数据传输服务。

算力调度专网具备如下几个特征。

（1）广覆盖。算力调度专网将省内所有网络运营商、互联网企业、社会资本建设的算力资源池联通，即覆盖全省 14 个地市。

（2）大链接。算力调度专网能够提供云间高速连接，实现异地备份高带宽业务需求。

（3）低时延。算力调度专网能够提供区域内多云互访时延不大于 1 ms、区域间多云互访时延不大于 5 ms、区域外多云互访时延不大于 20 ms。

（4）灵活性。算力调度专网覆盖范围广，将省内所有算力资源池联通，通过算力调度平台实现算力资源的灵活调整。

（5）支持新技术。算力调度专网支持 IPv6、SRv6、算网标识等新技术。

（6）运营运维。该省政府对算力调度专网有管理权限，中国电信具备优先代维优势。

3. 算力调度平台方面

某省算力资源比较分散，亟须汇聚调度。该省在多地形成了部分算力资源，但各地互相之间缺少调度合作，营销手段单一，目前以满足本地区服务为主。东部省份由于地价、限电等因素，数据中心建设步伐缓慢，但算力需求随着数字经济的发展正在加速增长，这些溢出的算力需求必将向西部算力枢纽转移。建设算力调度平台将有助于提高省内云资源整合和调度，便于向东部发达省份提供算力资源，同时全面提升该省整体互联网基础设施水平，带动某省整体社会经济转型升级，形成产业聚集效应，推动该省大数据产业乃至战略性新兴产业的良性发展。因此，率先在全国建设安全可控、标准规范的算力调度平台和算力协调网络具有很大的必要性。目前正在进行全国范围的实施验证，特别关注元宇宙、算力和大数据产业等领域存在的不确定性。算力调度平台可以实现对算力相关产业生态合作的牵引，利用算力调度和交易过程将上下游业务进行串联，从而促进产业链服务的发展。

8.3　算力网络实践之技术验证

在数字化产业规模暴增的趋势下，新型智能化业务对融合型资源提出了更多需求，要求算力、网络、存储等资源协同融合，满足高标准、差异化的业务体验。算力网络（Computing Power Network，CPN）旨在通过网络实现算力的高效连接、灵活调度，综合提高资源利用率，为用户提供最优资源。国家发展改革委等部门明确提出布局建设全国一体化算力网络国家枢纽节点的新需求。开展算力网络技术研究工作，是积极响应国家号召、推动"东数西算"工程、优化算力需求结构的有效手段。

8.3.1　技术验证的目标与内容

近年来，国内外相关领域的专家学者都在不断推进算力网络的研究工作，积极建设算力网络生态圈。2019 年，中国电信首次提出算力网络的概念，并于 2020年出版业内首本算力网络图书《边缘计算与算力网络——5G+AI 时代的新型算力平台与网络连接》。中国科学院计算机网络信息中心、中国信息通信研究院、中国移动、中国联通，以及很多设备厂商也在积极推进相关研究工作，并有国家项目研究、白皮书、论文、专利等成果输出。此外，业界算力网络标准化工作取得显著进展，ITU-T、IETF、宽带论坛（Broadband Forum，BBF）、欧洲电信标准化协会（European Telecommunications Standards Institute，ETSI）、CCSA 等标准组织有多项在研标准和已发布标准。

2021 年，中国电信与中国科学院计算机网络信息中心联合研发了算力网络交易管控系统，该系统在 2021 年 9 月的网络 5.0 峰会上首次亮相，展示了业界首套算力网络交易管控系统及应用示范。但受试验环境的限制，原型系统无法大规模部署，仅选择在有限的资源池进行小规模部署，且应用场景验证效果不太明显，对算力网络技术研究缺乏足够的可信支撑。开展完备的算力网络技术研究与技术验证工作，要求多级分布式算力资源共存，能够支撑多种网络连接方式、跨域高性能组网的实验环境，以满足部署原型系统的各种软硬件需求和进行典型业务场景的验证。

CENI 是中国网络与信息领域首个国家重大科技基础设施，旨在建设一个先进、开放、灵活、可持续发展的大规模通用试验平台。其骨干交换网络覆盖全国 40 个城市，边缘网络规模多达 133 个，实现了 31 个省、自治区、直辖市的全覆盖，能够为算力网络相关技术的理论研究、技术验证提供有效支撑。因此，在 CENI 环境下进行算力网络相关技术的试验与验证工作具有必要性和重大研究意义。

1. 试验目标

2022 年 6 月，中国电信联合中国科学院计算机网络信息中心、中国信息通信研究院申报 CENI 开放试验"算力网络相关技术试验与验证（第一批）"，项目管理单位为江苏省未来网络创新研究院。

该试验的总体目标有以下两个。

（1）在 CENI 试验环境下构建算力网络原型系统，进行算力网络交易管控原型系统的部署与调测工作。CENI 为算力网络整体架构与关键技术研究提供理论支撑，以证实算力网络技术研究的可行性，探索算网融合架构与交易管理模式。

（2）算力网络原型系统部署在 CENI 环境基础上，进行算力网络的典型应用场景验证，促进算力网络技术的研究成果更快地走向应用。聚焦超强算力、超低时延、超大数据传输等需求的应用场景（如云 VR 业务、智能拣选机器人、科研大数据领域的高能物理相关大科学装置实验）进行场景验证，以证实算力网络技术研究的有效性。

2. 试验内容

试验内容包含以下 3 个方面。

1）算力网络交易管控原型系统部署

在 CENI 中部署自主研发的算力网络交易管控原型系统。算力网络交易管控原型系统通过对接算力网关控制器与算力网关，实现对算力、网络等底层资源的统一编排和调度。

2）系统调测

首先进行单点能力调试，各算力网关连接各算力资源节点，并通过集中式控制器将底层算力和网络的信息上报给算力网络交易管控平台。算力网络交易管控平台管理资源视图，同时向上对接算力网络交易平台。

然后进行综合联调，以算力网络交易平台为入口，呈现全部算力资源节点视图，同时测试资源交易（算力和应用）、交易账单生成等功能。算力网络交易平台与算力网络交易管控平台对接，通过集中控制器和算力网关，实现对底层多个算力资源节点的整合与协同调度。

3）典型业务场景验证

云 VR 业务对时延敏感，且需要较强的算力支撑。拟通过算力网络交易管控原型系统灵活选择最优的边缘计算节点，满足渲染等业务的低时延要求。同时，选择合适的云资源池进行系统管理等操作。算力网络可以实现云 VR 场景下的云边协同调度，优化资源利用率和用户体验。

智能拣选机器人需要对机械臂进行远程实时精准控制，需要大算力和确定性

（低时延、低抖动）的网络连接。拟通过算力网络交易管控原型系统实现多级算力分布式协同调度，将时延敏感型业务（如机械臂操作）部署在边缘计算节点，时延不敏感型业务（如大数据分析处理、方案验证等）由云端资源池完成。

高能物理相关大科学装置实验仅国内就开展了 10 个以上，很多合作单位都在以各种方式贡献计算资源，但大多数计算资源以分散的方式独自运行。在不断发展的高能物理分布式计算系统中，缺少对实时网络状态的协同调度，从而限制了数据传输和处理的效率。该实验将重点研究如何利用算力网络系统将这些分散独立的高能物理计算资源进行有效整合，并实现实时网络状态与算力资源的融合调度，丰富高能物理计算任务调度策略，提高计算任务调度精准度，从而使数据传输和访问更高效。

3. 典型业务场景

1）云 VR 场景

云 VR 场景描述如图 8-3 所示。当前的 AR/VR 解决方案都依赖 AR/VR 眼镜自身（及扩展的计算设备）的算力，这样的眼镜价格高，业务场景受到限制。针对 VR 行业场景的受限情况，可以在 CENI 平台上使用算力网络来满足云 VR 场景对时延的要求，提升用户体验，同时端、边、云、网的协同处理可以提高资源利用率。云 VR 场景是完全浸入数字视图中的虚拟现实场景，可以通过算力网络得到增强，它将为工业和企业带来巨大价值。云 VR 注重人机交互的体验，突破二维限制，进入三维体验的技术实现。在算力网络平台就近调度的强大算力的支撑下，VR 云渲染系统不再需要将数据发送到云中心处理，而是利用就近的边缘算力资源池来处理，这样的低时延处理可以达到较好的渲染效果。在云资源池可以部署云中心管理系统等对时延要求不高的业务，实现云边协同，有效提升用户体验。

2）智能拣选机器人场景

应用智能拣选机器人在 CENI 网络中进行工业互联网低时延、高带宽及 AI 算力网络的研究与验证评测。智能拣选机器人集成了 AI 机器视觉技术、机械臂精准控制、自动导引车（Automated Guided Vehicle，AGV）自主移动技术，面向物流仓储、无人商超、无人药房中的自动拣货、补货场景，采用 AGV 搭载工业机械臂的方式，在 3D 视觉的引导下进行自动导航定位、精确识别分类、柔性抓取放置，并实现多机器人协同作业。智能拣选机器人可以以高成功率、快节拍实现料框到货架的补货功能、货架到料框的拣货功能，以及料框到料框的拣选功能。AGV 可以实现精准定位、精确导航和自动避障。在抓取和放置环节采用在工业机械臂上安装 3D 相机的"眼在手上、手眼协同"工作模式。产品拥有自主知识产权的视觉识别算法和机器人控制算法，可以实现多件物品的精确识别、分割和位姿计算，以及多种形状物品的灵巧抓取和柔性放置。

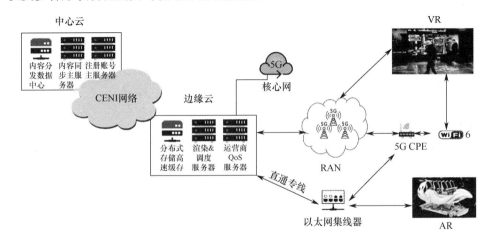

图 8-3　云 VR 场景描述

智能拣选机器人目前采用的解决方案的优点是组网简单、稳定，缺点是算力集中于车载工控机，网络封闭于局域，导致成本高，产线工艺调整周期长，生产数据融合处理难度大。针对以上问题，计划在 CENI 行业专网上进行算力网络的技术研究与验证，形成云、网、边、端协同的算力分布与协同，并在 CENI 网络中为智能拣选机器人的机械臂实施远程精准、低时延的控制。智能拣选机器人场景描述如图 8-4 所示。

3）高能物理相关大科学装置实验场景

高能物理相关大科学装置实验，如高海拔宇宙线观测站（Large High Altitude Air Shower Observatory，LHAASO）实验，基于 CENI 的算力网络，在科研大数据传输处理方面可以提供强人的算网融合能力和资源调度策略，可进一步提升科研产出效率及计算精度。高能物理相关大科学装置实验场景描述如图 8-5 所示。

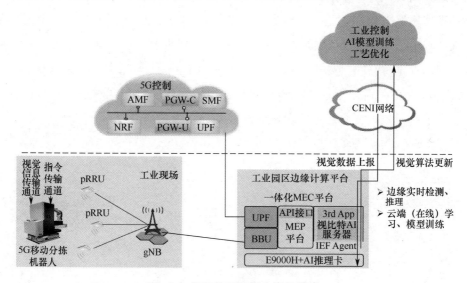

图 8-4　智能拣选机器人场景描述

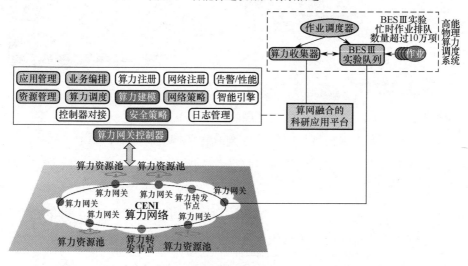

图 8-5　高能物理相关大科学装置实验场景描述

　　基于算力网络交易管控平台及接口，部署高能物理相关大科学装置实验（如 LHAASO 实验）的算网融合科研应用平台，将算力网络资源节点纳入算力资源池中，依据算力网络的调度策略，选取合适的算力节点，并将已选取的节点发布至资源收集器，LHAASO 实验作业调度系统完成计算任务与计算节点之间的匹配工作。这种算网融合方式既保证了算力网络快速有效地将算力发布至LHAASO 实验调度系统，又保证了科研数据在算力节点之间的快速、高效传输和共享，从而提高了资源利用率，保障了科研活动效率。

8.3.2　全流程技术方案验证

本试验整体技术方案包含对算力资源池、算力网关和用户网关、算力网络交易管控系统等所组成的算力网络试验环境的验证，总体验证分为 4 个阶段：设备部署阶段、单点调试阶段、综合联调阶段和场景验证阶段。试验涉及全国 5 个城市的 11 个算力资源池。

1. 业务全流程

试验路线图如图 8-6 所示。试验业务流程自下而上描述如下。

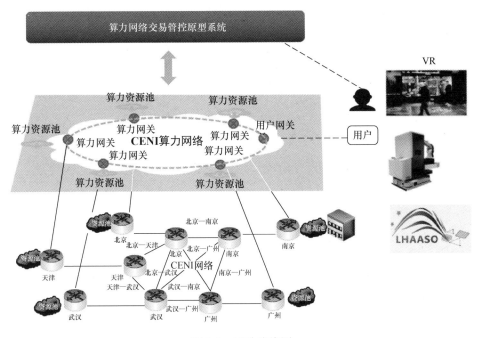

图 8-6　试验路线图

算力资源池以 KVM、Docker 等虚拟化技术实现基础资源的虚拟化管理和编排，并经由算力网关接入算力网络。

算力网络的网关分为算力网关和用户网关（这里采用服务器形式进行网关部署）。算力网关主要实现算力网络的质量探测、路由编排及数据转发等功能，同时负责算力资源池的网络接入和资源状态探测等；用户网关负责科研装备/用户的网络接入等。

所有算力网关与用户网关组成一张跨云网能力的算力网络，经由 CENI 网络实现互联。

算力网络交易管控原型系统由交易层（交易平台）和管控层（管控平台）两大功能层及算力网关控制器组成，其架构如图 8-7 所示。交易层负责为用户提供资源和应用选择，分析用户需求并提供资源组合，完成用户交易流程并生成交易账单等。管控层对接交易层，负责底层资源信息的整合、编排、调度，为用户匹配最佳资源。算力网关控制器负责算力资源状态信息的收集与汇总，实现算力路由的编排与管理，同时为上层提供资源的编排与管理等能力接口 API。

在 CENI 环境下，基于算力网络交易管控原型系统进行三大典型业务场景的验证。

2. 总体方案

总体方案计划分 4 个阶段进行，分别为设备部署阶段、单点调试阶段、综合联调阶段和场景验证阶段，每个阶段计划实施周期为 3 个月。

试验部署规模示意图如图 8-8 所示，试验整体上部署 11 个算力资源池，分布在北京、南京、天津、武汉、广州 5 个城市，每个城市部署若干算力资源池。图 8-8 中 A、B、C 分别代表部署云 VR 场景、智能拣选机器人场景和高能物相关大科学装置实验场景的算力资源池。

1）设备部署阶段（3 个月）

在 CENI 环境下，对算力网络相关技术试验与验证所需的算力资源、网络资源、原型系统的各种软硬件环境进行部署，并进行算力网络交易管控原型系统的部署。

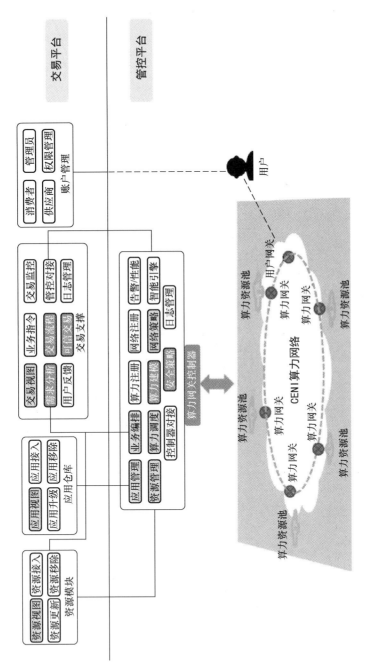

图 8-7　算力网络交易管控原型系统架构

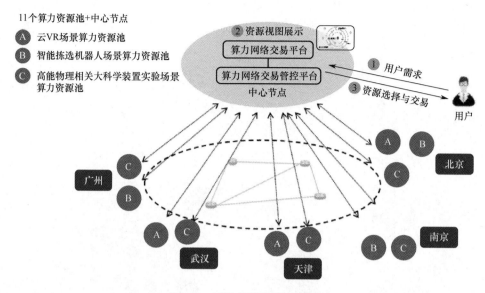

图 8-8　试验部署规模示意图

（1）软件部署和网络配置：服务器软件安装 Ubuntu 操作系统、KVM/Docker 虚拟化平台，构建试验所需算力资源池，配置算力网关和用户网关，为每个算力资源池、算力网关、用户网关配置全网可达的 IPv6/IPv4 地址。

（2）硬件部署与网络连接：设备接线、上电，网络可达。

（3）部署算力网络交易管控原型系统、控制器、算力网关，并进行资源注册。

2）单点调试阶段（3 个月）

根据不同地理位置的资源维度，在 CENI 环境下进行自底向上的单点能力调试。

（1）对每个算力资源池的算力信息（包括虚拟机/容器/裸金属等多粒度信息）进行维护、管理，并通过算力网关接入算力网络。

（2）各算力网关具备网络信息探测、路由编排及数据转发功能，并能将资源池的算力信息和网络信息上报给算力网关控制器。同时，用户网关接入算力网络。

（3）控制器实现算力资源探测、网络链路探测、数据信息汇聚和分析，并将各个算力资源池的资源信息和用户信息上报给算力网络交易管控平台。

（4）算力网络交易管控平台管理资源视图，并向上对接算力网络交易平台。

（5）算力网络交易平台对各种差异化业务进行需求分析，具备交易管理、账户管理等功能。

3）综合联调阶段（3 个月）

联合各区域资源节点，在 CENI 环境下进行自顶向下的综合联调。

（1）以算力网络交易平台为入口，将业务请求生成资源需求模型，进行交易流程管控，同时向下对接算力网络交易管控平台。算力网络交易管控平台通过控制器实现对全局算力资源和网络信息的收集、汇总及更新，并进行资源需求分析、最优路径规划，生成资源分配策略。之后算力网络交易管控平台生成网络连接调度与算力资源调度指令，通过控制器内的资源编排调度 API，对接 Overlay 算力网络。

（2）由全局算力网关、用户网关构成的 Overlay 算力网络执行网络连接调度与算力资源调度流程。被选定的算力网关调度算力资源池中的资源。

（3）相应的算力资源池为用户提供各类算力资源，或者为用户部署应用服务。用户通过用户网关访问算力资源池的算力资源或应用服务。

4）场景验证阶段（3 个月）

在 CENI 网络中进行云 VR、智能拣选机器人、科研大数据领域高能物理相关大科学装置实验（如 LHAASO 实验）场景验证。

（1）云 VR 场景验证。在 CENI 环境下部署算力网络环境，验证云 VR 业务，验证的关键技术点包括云渲染和网络传输两方面。实时云 VR 场景验证计划分 4 个阶段完成：第一阶段进行云 VR 的方案研究，第二阶段进行系统部署和调试，第三阶段进行场景应用验证，第四阶段进行试验数据整理及试验报告输出。

① 方案研究。云 VR 方案研究的内容包括部署方案设计和业务相关方案设计：选择 VR 头显、眼镜、手柄等硬件终端及 VR 平台，设计部署方案。计划采用 VR 视频（如直播）和 VR 游戏等进行验证。

② 系统部署和调试。根据方案设计，在 CENI 网络中部署 VR 应用系统，进行系统部署和调试，为场景验证做准备。

③ 场景应用验证。用户通过可视化算力网络交易平台获取可用的资源信息，选择最合适的云资源池和边缘资源池及相应的 VR 应用，完成交易流程。

算力网络交易管控原型系统将云 VR 中心管理系统部署到相应的云资源池。云 VR 中心管理系统主要包含业务管理（如用户管理、操纵界面管理、VR 应用管理等）系统、用户会话管理（如登录、请求）系统、用户数据存储系统等。同时，选择合适的边缘资源池，部署 VR 云渲染系统，进行逻辑计算、实时渲染、编码和推流等业务。

在云 VR 业务中，算力网络可以实现云边协同调度，后期随着用户位置的变化为用户动态切换边缘资源池。

④ 试验数据整理及试验报告输出。在以上工作的基础上进行试验数据和试验问题的整理与记录，并形成最终的技术方案报告和测试报告。

（2）智能拣选机器人场景验证。智能拣选机器人场景验证分 4 个阶段完成。

① 方案研究。在 CENI 网络环境下，对智能拣选机器人的算网融合优化进行研究，设计系统部署实施方案。

② 系统部署和调试。针对 CENI 网络，根据智能拣选机器人的场景化技术需求进行系统部署及 5G 行业专网/Wi-Fi 等现场网络与 CENI 的对接等。

③ 场景应用验证。在 CENI 网络环境下，进行智能拣选机器人的场景化验证评测，针对智能拣选机器人的应用技术要求，对关键控制指令的双向网络时延、机器视觉的推理时长、网络抖动、实际的带宽需求等在 CENI 网络中节点运行的关键性能指标进行测试和评测，并根据测试结果不断进行方案优化迭代。

用户通过可视化算力网络交易平台获取可用的资源信息，然后选择最合适的云资源池或边缘资源池及相应的 VR 应用，从而完成交易流程。算力网络交易管控原型系统将训练系统部署于合适的云资源池，将生产控制系统部署于合适的边缘资源池。其中，训练系统主要进行大数据分析、方案验证等；生产控制系统主要进行推理、机械臂控制指令执行等。通过云边协同进行业务执行，随着业务的变化，后期可以将训练系统部署于多个云资源池进行模型训练。

④ 试验数据整理及试验报告输出。在以上工作的基础上进行试验数据和试验问题的整理与记录，并形成最终的技术方案报告和测试报告。

（3）科研大数据领域高能物理相关大科学装置实验场景验证。高能物理相关大科学装置实验场景部署如图 8-9 所示。高能物理相关大科学装置实验（如 LHASSO 实验）场景验证计划分以下 4 个阶段完成。

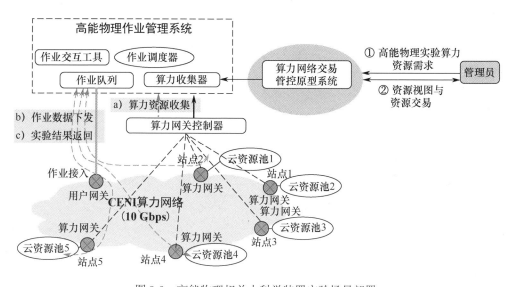

图 8-9　高能物理相关大科学装置实验场景部署

① 实验数据对接与实验系统部署。基于 CENI 算力网络，根据实验科研任务，设计实验科研数据与算力网络的对接方案，完成实验示范系统的部署和系统内的联调工作。

② 算力网络交易管控原型系统对接实验算力收集器。基于算网融合的科研应

用平台，完成算力网络交易管控原型系统与实验算力收集器的对接工作。

③ 任务调度与计算处理。基于实验算力收集器，为实验提供具备网络状态信息的算力资源，保障科研任务数据的实时高效传输和计算。

④ 试验数据整理及试验报告输出。在以上工作的基础上，对试验数据和试验问题进行整理与记录，最终形成技术方案报告和测试报告，为项目的后续实施和改进提供重要参考。

3. 组网架构

试验组网拓扑图如图 8-10 所示，试验组网方式如图 8-11 所示。

试验规模为 11 个算力资源池，共 6 个站点，分布在北京、南京、天津、武汉、广州 5 个城市，为每个算力资源池及对应的算力网关、用户网关配置全网可达的 IPv4/IPv6 全局地址及相应的 IPv4 局域地址。用户/用户系统基于 VPN 方式接入 CENI 网络。

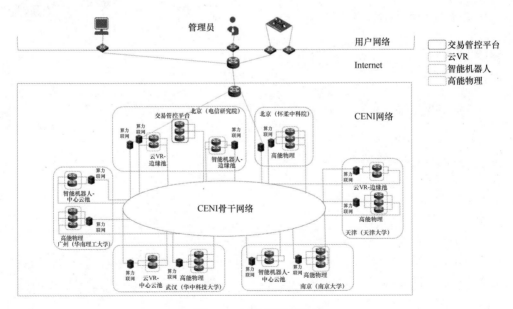

图 8-10　试验组网拓扑图

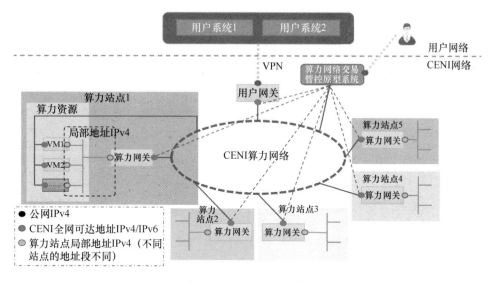

图 8-11　试验组网方式

8.3.3　验证结果及结论

算力网络在 CENI 环境下的技术验证，其总体成效良好，高质量地完成了项目试验与验证，并输出了高质量的测试报告。

1. 算力网络相关技术整体试验方案报告

在 CENI 环境下进行算力网络相关技术试验与验证规划，设计整体试验计划，输出试验方案。试验计划应包含 4 部分：设备部署阶段、单点调试阶段、综合联调阶段和场景验证阶段。

提供算力网络交易管控原型系统相关文档、设备部署环境软硬件需求相关文档、场景测试需求相关文档，形成 3 种典型场景试验方案——云 VR 业务、智能拣选机器人、科研大数据领域高能物理相关大科学装置实验，按每个场景所需的环境设备及软硬件需求，输出整体试验方案。

2. 设备部署阶段测试报告

基于 CENI 网络构建算力网络试验平台，部署算力网络交易管控原型系统。

交付完整的算力网络试验验证环境和算力网络交易管控原型系统，通过功能演示展现原型系统的基础功能。提交算力网络交易管控原型系统技术报告、使用手册，输出设备部署阶段测试报告。

3. 单点调试阶段测试报告

进行算力网络交易管控原型系统单点能力调试。交付单点调试环境与系统，通过功能演示展现单点调试后的系统功能。提交各资源节点调试报告、技术报告、使用手册，输出单点调试阶段测试报告。

4. 综合联调阶段测试报告

联合各区域资源节点，在 CENI 环境下进行算力网络交易管控原型系统综合联调。交付完备的综合联调环境与系统，能够进行自上而下的系统功能演示。提交整体调试报告、技术报告、使用手册，输出综合联调阶段测试报告。

5. 场景验证阶段测试报告

在 CENI 网络中进行 3 种典型场景验证：实时云 VR 业务、智能拣选机器人、科研大数据领域高能物理相关大科学装置实验。

交付各典型场景在算力网络交易管控原型系统中的验证结果，提供各典型场景的实施方案、技术报告、使用手册、试验数据整理、场景验证报告，输出场景验证阶段测试报告。

通过算力网络在 CENI 上的技术验证，本试验完成了对北京、天津、武汉等多地资源池的统一纳管，并为用户提供一体化算力网络服务机制，证实了算力网络整体架构、交易管理模式、编排调度等技术研究的可行性。同时，本试验对具有超强算力、超低时延、超大数据传输等需求的场景进行验证，实现了资源利用率和用户体验的最优化，证实了算力网络技术研究的有效性，促使算力网络关键技术走向成熟稳定，促进算力网络技术的研究成果更快地走向应用，为算力网络支撑未来科技创新活动、引领未来科技发展探明方向。

8.4 算力网络实践之建设方案

8.4.1 算力调度平台部署方案

算力调度平台在"东数西算"场景中的部署方案如图 8-12 所示,业务通过算力网关设备接入算力调度专网,通过算力调度(一体化)平台和网络控制器实现云网协同、多云纳管。

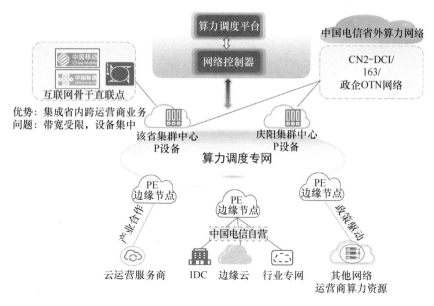

图 8-12 算力调度平台在"东数西算"场景中的部署方案

1. 算力调度平台

算力调度平台建设聚焦业务场景驱动,通过对算力调度不同角色进行视图分析,整理出面向用户(个人/企业)、政府监管、跨域业务、运维调度及运营的相关视图;梳理出不同客户对算力调度在资源存储、网络流量、业务服务、安全运维、业务运营代理等场景的需求。算力调度平台业务场景如图 8-13 所示。

用户视图（B2C）	政府监管视图（B2G）		跨域业务视图（B2G）	运维调度视图		运营视图
资源型 冷云存储 GPU裸金属	域间	网络流量 算力应用	全栈IDC	域间	网络调度 远程服务	业务代理
云上服务 离线渲染 GPU云主机	域内	算力规模 资源分布 网络规划	能力服务	域内	云网调度 自动运维 能力服务	运营商业务
套餐式 高性能计算 沉浸式体验 游戏服务	园区	算力环境 绿色节能 安全标准	数据交易	园区	智慧机房 规划服务 安全服务	交易机构

图 8-13　算力调度平台业务场景

2. 网络控制器

网络控制器如图 8-14 所示。网络控制器通过北向接口和南向接口的能力开放实现智能运维。

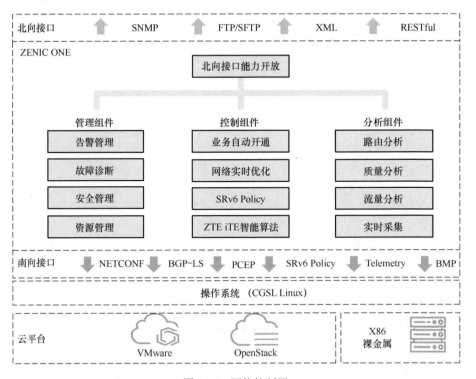

图 8-14　网络控制器

1）北向接口能力开放，快速集成

（1）SNMP：向上层 OSS/BSS 上报告警，同时做告警同步。

（2）FTP/SFTP：向上层 OSS/BSS 上传性能数据文件、资产数据文件等信息。

（3）RESTful：为第三方管理系统提供拓扑、资源、业务等开放能力。

2）南向接口能力开放，功能完善

（1）NETCONF：提供网络设备配置和管理能力。

（2）BGP-LS：获取网络 L3 拓扑信息。

（3）PCEP：控制器基于 L3 拓扑信息计算流量工程（Traffic Engineering，TE）路径后，下发 LSP 路径给设备。

（4）Telemetry：通过 gRPC 框架完成客户端与远程服务器端之间的通信，收集网络状态信息、性能数据、流量信息，基于双向主动测量协议（Two-Way Active Measurement Protocol，TWAMP）检测链路与业务质量。

（5）BMP：实现邻居查询与可视化功能。

3）管理、控制、分析能力融合，智能运维

（1）业务自动开通：业务需求由顶层管控调用 RESTful 接口经 ZENIC ONE 下发至网络设备，支持 L2 专线、L3VPN、以太网虚拟专用网络（Ethernet Virtual Private Network，EVPN）。

（2）网络路径计算和流量调优：支持有状态路径计算元素（Path Computation Element，PCE），提供多约束算路能力（如带宽、跳数、时延）。

（3）网络切片管理：支持切片规划与生命管理，切片业务按需分配带宽（Bandwidth-on-Demand，BoD），支持在 SR 的基础上使用 EVPN。

（4）iTE 智能引擎：端到端（End to End，E2E）时延最优，收敛能力可达 15 万条/分。

（5）实时监控，快速定位：支持秒级检测网络流量和业务性能。

3. 算力网关

算力网关部署如图 8-15 所示。算力网关部署在云资源池出口；用户网关兼做算力网关，部署在用户接入点。

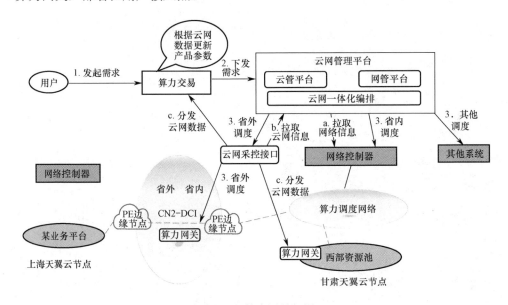

图 8-15　算力网关部署

算力网关从云网管理平台灵活指定资源池下单个/多个节点信息以及节点内的资源占用信息，如节点 ID、节点地址、节点名称、节点状态、CPU 资源信息（总量/已用量）、GPU 资源信息（总量/已用量）、内存资源信息（总量/已用量）、存储资源信息（总量/已用量）。同时，算力网关从云网管理平台获取网络状态信息，如各节点间路径的带宽、时延、丢包率等。结合算力资源信息和网络状态信息，算力网关生成 BGP/IGP 扩展的算力路由信息并发布到网络。算力网关基于收到的算力路由信息生成路由信息表，上报给云网管理平台。基于云网管理平台下发的指令，算力网关和用户网关之间建立 SRv6 网络连接，完成算力调度。

4. 算力调度专网

算力调度专网如图 8-16 所示。对于算力调度专网，第一阶段使用 SRv6、Telemetry 等商用技术完成算力调度网络建设，通过网络控制器与算力调度平台的对接，实现云网协同、多云纳管。后续将通过算力感知、算力路由等新技术升级的方式进一步提高算力调度能力。

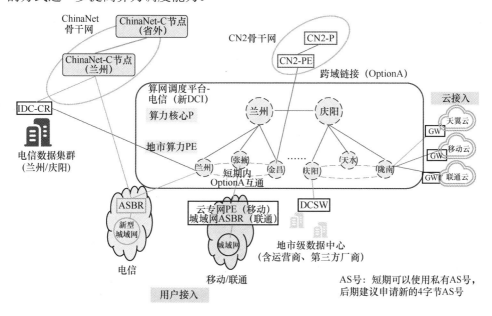

图 8-16　算力调度专网

算力调度专网具有以下几个功能。

（1）提供算网采控通道。

（2）提供云间互联通道。

（3）提供用户入云通道。

（4）网络通道全域共享。

（5）为三线 IDC 机房提供算力接入链路。

8.4.2　网络控制器部署方案

网络控制器定位于承载网 SDN 管控融合系统，是一个面向未来 SDN/NFV 网络演进后的 SDN 控制器，以图形化人机界面友好地呈现相关内容，通过微服务方式集成网络管理组件、网络控制组件、网络采集组件及网络分析组件，具备强大的网络智能运维能力。

1. 西部省份域控制器部署方案

算力调度网络的管控系统采用集中式算力网络架构，可基于 SDN 集中编排调度系统扩展，如图 8-17 所示。集中式部署技术相对成熟，可提供全局资源视图，北向与算力调度平台对接，实现多云纳管和云网协同，网络管理+网络控制，端到端 EVPN over SRv6 业务自动开通，云内 IaaS、PaaS、SaaS 资源实现统一管理，北向 API 开放原子能力供云网大脑调用。

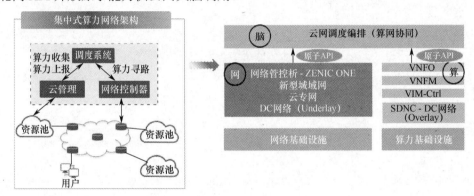

图 8-17　域控制器各个系统的能力分工

云网大脑可统一呈现"网"和"算"的能力资源，并通过 API 调用"网"和"算"的能力进行编排调度。

1）网络控制器总体架构

网络控制器总体架构如图 8-18 所示。

（1）北向接口能力开放，快速集成。网络控制器针对同一个北向系统，仅提供一个接入点和一套接口规范与其对接。北向简单网络管理协议（Simple Network Management Protocol，SNMP）标准接口、文件传输协议（File Transfer Protocol，FTP）/安全文件传输协议（SSH File Transfer Protocol，SFTP）/接口和 RESTful 接口可以实现网络配置、资产管理、告警和性能数据无缝对接第三方网管系统，帮助运营商构建端到端的操作支持系统（Operation Support System，OSS），实现设备统一管理。

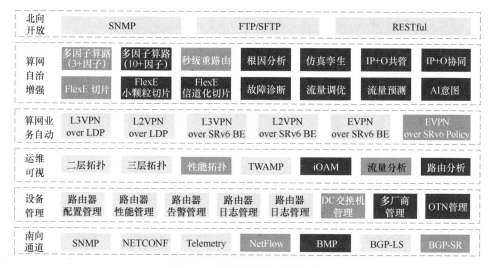

图 8-18　网络控制器总体架构

（2）通过 FTP/SFTP 协议，可以将性能数据文件、资产数据文件等信息上传至 OSS 和业务支持系统（Business Support System，BSS）。RESTful 接口为第三方管理系统提供了开放能力，可用于获取和管理网络拓扑、资源及业务等信息。

（3）PCE 组件支持一主多备，如果主 PCE 出现故障，可以快速切换到备用 PCE，不影响现网业务；支持集群部署，根据网络和业务规模弹性扩缩容。另外，网络控制器支持基于 IETF 和 OpenConfig 的南北向标准接口，可实现安全连接；支持基于用户角色进行分权分域管理，提供具有高安全性的运维环境，满足 5G 网络运维要求。

（4）管控析能力融合，智能运维。业务自动开通，通过支持有状态 PCE 实现网络路径计算和流量调优功能，提供多约束算路能力。这些约束条件包括代价、带宽、跳数和时延等。

（5）NETCONF 提供了网络设备配置和管理能力，并且通过采用 Yang 模型实现配置的统一管理。路径计算单元通信协议（Path Computation Element Communication Protocol，PCEP）、控制器基于 L3 拓扑计算 TE 路径后，下发标签交换路径（Label Switch Path，LSP）给设备。

2）业务自动化开通

（1）通过业务创建需求输入、业务创建需求、业务配置下发、业务路径下发、业务路径反射等实现业务的自动化开通。业务自动化开通流程如图 8-19 所示。

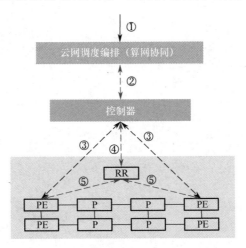

图 8-19　业务自动化开通流程

① 业务创建需求输入。用户通过 Portal UI 界面向云网调度编排器配置业务的头尾节点、业务类型、业务质量要求。

② 业务创建需求。云网调度编排器调用 RESTful API，将省内部分头尾节点、业务类型、业务质量要求下发到省内控制器。

③ 业务配置下发。省内域控制器通过 NETCONF+Yang 北向接口，向域内设备进行虚拟路由转发（Virtual Routing Forwarding，VRF）配置、鉴权中心（Authentication Center，AC）配置等。

④ 业务路径下发。省内域控制器根据用户需求和约束计算路径，利用 BGP 向业务头尾节点下发的 SRv6 Policy 路径路由。

⑤ 业务路径反射。省内域控制器利用域路由反射器，发布对应边界路由器（Provider Edge，PE）头节点的 SRv6 Policy 路径路由。

（2）通过支持分层和多样化服务的配置与监控，使服务提供更加高效。一键式创建业务、隧道和伪线，使得配置过程更加便捷。提供对服务状态、性能指标和告警的全面监控；支持基于服务等级协议（Service Level Agreement，SLA）要求自动建立 SRv6 端到端连接，提供 OAM 及保护；支持模型驱动的 SRv6 VPN 业务快速开通及业务 Ping/Trace 检测，支持 SRv6 路径的 Telemetry 流量采集及可视化展示。

（3）通过 iTE（intelligent TE）算路引擎、大规模网络算路、多约束［带宽、时延、跳数、Metric、共享风险链路组（Shared Risk Link Groups，SRLG）、颜色、亲和力等］算路、基于网络切片的算路及重优化、流量均衡及装箱算法、SRv6 头压缩算法、基于历史流量分析及预测算法、网络带宽扩容提前预警等提升网络资源利用率，降低设备要求，实现主动运维。

3）全局资源可视

完成网络控制器部署后，可实现全局资源可视，包括多层拓扑可视、性能可视和网元资源管理，具体如下。

（1）多层拓扑可视。多层拓扑可视包括业务拓扑、逻辑拓扑和物理拓扑的可视。业务拓扑指与 L2VPN/L3VPN 业务和隧道业务相关的拓扑，在业务开通配置时指定业务接入节点，由控制器 PCE 计算整网路径后规划业务路径。逻辑拓扑指设备可达的 IP 地址间形成的拓扑，可基于 BGP-LS 收集网络层 IGP 拓扑信息和 BGP 路由信息，收集的逻辑拓扑用于 PCE 路径计算。同时，基于 NetConf 获取设备节点和链路信息，显示物理设备和链路组成的拓扑，使物理故障可视化。

（2）性能可视。通过 Telemetry 性能采集，结合条件查询，提供图形化展示界面，实现性能任务定制、性能报表输出和性能门限管理，如图 8-20 所示。

（3）网元资源管理。网元资源管理包括对机架、机框、槽位、单板、电源、风扇、接口等的管理，对配置文件、日志的管理，以及对报表的呈现和导出、自动生成、定制的管理。同时，网元资源管理可以实现物理资源和业务路径的统一管理，如图 8-21 所示。

① 网元资源管理具备强大的告警管理、拓扑管理、性能管理、配置管理、维护管理、安全管理、日志管理和报表服务功能，以满足各种运行业务的需求。

② 网元资源管理拥有业务视图、协议配置视图、资源视图、光功耗视图、保护视图等的分层管理接口，帮助运维人员快速检测网络故障，降低运维成本，提高运维效率。

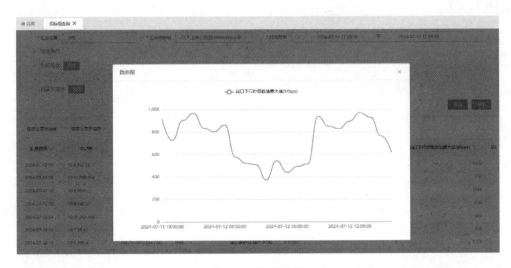

图 8-20　性能可视

图 8-21　网元资源管理

③ 网元资源管理提供网络规划、建设、维护、优化"一站式"服务，网络运维支持网络仿真和 What-If 分析，仿真网络故障，分析业务健壮性，可以实现提前识别网络瓶颈，做好应对措施，指导网络精准扩容。

④ 业务路径分层可视、网络物理拓扑可视、网络协议拓扑可视、业务拓扑分层可视、时延视图可视，可以实现业务路径关联的多维可视。

⑤ 业务 SLA 多维可视，通过 Dashboard（一种用于可视化和分析数据的软件

工具)、时间趋势图、拓扑路径还原、协议报表等方式，多维度展现 E2E 流、逐跳流的业务 SLA，帮助用户实时监控网络 SLA 状态。

⑥ 采集业务路由变化、业务 SLA 状态，按时间维度可回溯，支持故障快速定界定位。

4）基于 SRv6 的业务快捷开通

网络控制器可以实现基于 SRv6 的业务快捷开通。首先网络控制器计算完策略（Policy）路径后转换成 BGP SR Policy 路由，下发给路由反射器（Route Reflector，RR）。然后在 RR 没有做策略过滤的情况下，网络控制器将 Policy 路由反射给所有的客户端，各个 RR 客户端接收到 Policy 路由后会校验路由中所携带的 Ext_Community 属性值，如果该属性值与自己的 Router-ID 匹配，则接收该路由加入转发表，实现业务的快速开通，如 8-22 所示。

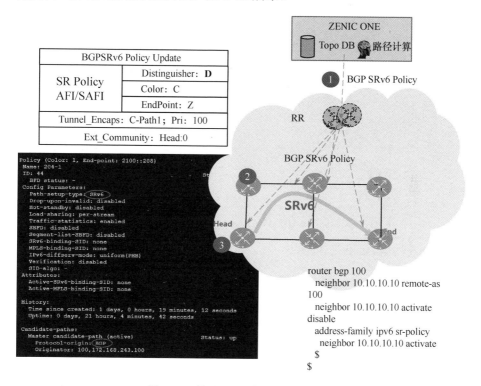

图 8-22　基于 SRv6 的业务快捷开通

5）多因子算路使能业务灵活调度

基于多因子算路功能，业务调度更加灵活，提升全网带宽利用率，基于拓扑剪枝算法和分布式计算，提升性能。包括多约束算路，按需灵活定制，基于网络切片子拓扑的算路和优化，利用装箱算法提升资源利用率，结合网络大数据的智能算力和业务快速自愈，可实现基于意图的按需 TE 部署，SRv6 SRH 灵活高效的压缩算法，降低硬件要求，提升网络可编程能力，可实现基于 AI 的网络优化算法和网络振荡预测，如 8-23 所示。

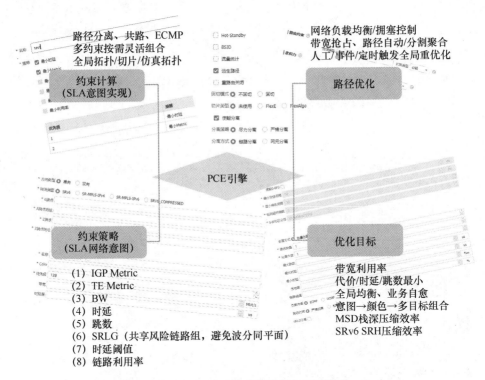

图 8-23　多因子算路使能业务灵活调度

2. 未来演进：全网全域控制器

全网全域控制器网络系统自上而下分为应用层、编排层、控制层和转发层，如图 8-24 所示。

接下来介绍每个层级的具体功能。

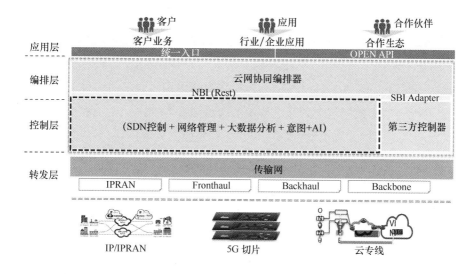

图 8-24 全网全域控制器架构

1）应用层

应用层作为用户与网络系统之间的直接接口，负责采集用户的商业需求和意图，如特定的网络服务（L2VPN、L3VPN）和流量优化需求。随后，App 提供商将这些需求通过 RESTCONF 接口转化为网络操作原语，并将这些操作原语传递给编排层，由编排层做进一步处理。

2）编排层

编排层将应用层的商业需求转换成具体的业务逻辑，并将这些业务逻辑转换为网络操作请求，通过统一的云网协同编排器实现网络和云的端到端统一编排。

3）控制层

控制层通过 SDN 技术实现集中式和动态的网络管理，利用大数据分析技术深入洞察网络运行状态，结合意图理解和 AI 技术优化网络性能与自动化处理能力，同时支持第三方控制器，以增强网络的互操作性和开放性。这些功能共同确保网络系统能够高效、安全、智能地满足最终用户的业务需求。

4）转发层

转发层负责将数据从一个设备或节点传输到另一个设备或节点。在转发层，可以使用多种技术实现数据转发，包括 IP/IPRAN、5G 切片和云专线。

（1）IP/IPRAN。IP/IPRAN 是一种基于 IP 的网络架构，它将传统网络运营商的电路交换网络（如 PSTN）与基于 IP 的数据网络相结合。在这种架构中，数据通过 IP 进行传输，控制信令则通过传统的电路交换方式进行传输。这种架构具有高可靠性、高可用性和高灵活性，适用于各种规模的企业网络。

（2）5G 切片。5G 切片是一种基于 5G 网络的技术，它可以将一个物理 5G 网络划分为多个虚拟网络，每个虚拟网络具有独立的资源分配和隔离性。这使不同的业务和应用可以在相同的 5G 基础设施上运行，同时保持高性能和低时延。5G 切片可以根据需求灵活地配置网络资源，为各种行业提供定制化解决方案。

（3）云专线。云专线是一种专用的网络连接，它直接连接到云服务运营商的数据中心。这种连接为用户提供了一种可靠、安全且低时延的方式来访问云服务。云专线通常由光纤或专用线路提供，以确保数据传输的稳定性和安全性。

8.4.3　算力网络部署方案

1. 现阶段算网大脑部署方案

算力网络建设方案主要包括网络层面、管控层面两大部分，如图 8-25 所示。其中，网络层面包括西部省份的省内算力专网、网络运营商骨干网络及东部省份的城域网络；管控层面包括西部省份的省内算网调度平台、骨干网控制器及城域网控制器，各资源域网络控制器对接算网调度平台中的算网编排系统，同时借助部署在各资源池节点的算力网关设备，获取纳管范围内的算力资源池和算力路由信息，实现对云网资源的全局统一管控和调度。

1）网络架构设计

网络架构设计采用核心和接入两层架构，全路由器组网，如图 8-26 所示。

图中，核心层路由器（Provider，P）互联各市、州 PE 节点，VPN RR 负责 VPN 业务路由反射，BGP-LS RR 负责上送 SR-TE 信息。

在接入层，每个地市部署 2 台 PE，对接行业专网、IDC 网络，并互联各云资源池。A 市和 E 市各部署 2 台自治系统边界路由器（Autonomous System Border Router，ASBR），对接各运营商骨干网络和云服务运营商自有网络。

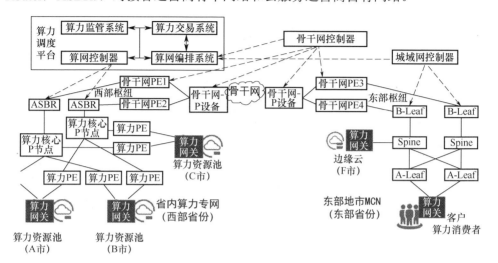

图 8-25　面向"东数西算"场景的算力网络建设方案

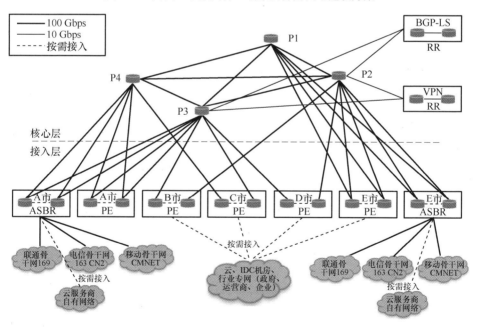

图 8-26　网络架构设计

核心层 P 节点间全互联；VPN RR 和 BGP-LS RR 接入 P2 和 P3；A 市和 E 市

的 PE 及 ASBR，每组通过 8 条 100 Gbps 线路交叉互联至属地 P 路由器；其他地市的 PE，每组通过 2 条 100 Gbps 线路上联至核心层路由器，一条上联 A 市，一条上联 E 市。

路由协议设计方面，采用公有 AS 号，配置相应的 IPv4/IPv6 地址。采用 SRV6 技术路线，通过 EVPN 统一业务面协议，并部署 SRv6-TE。

按需为业务提供二层 VPN 或三层 VPN，各业务之间彼此逻辑隔离。

所有设备通过 OpenAPI 与控制器对接，通过 Telemetry 上传网络运行数据。

2）部署实施方案

算力网络的部署应用需要经历一个分阶段演进和更新迭代的周期，初期可以通过集中式方案进行算力网络的概念验证，并适时在小规模网络场景中引入分布式方案，实现集中式与分布式协同部署方案。在分布式算力路由协议成熟稳定的中后期阶段，实现分布式方案的规模部署。

（1）集中式算力网络部署方案。在集中式算力网络部署方案中，算网编排管理中心基于算力和网络的全局资源视图，根据网络部署状况，选择在管理面和控制面实现算力网络协同调度。

集中式算力网络部署方案如图 8-27 所示，网络管理器向算力编排器通告网络信息，由算网编排管理中心进行统一的算网协同调度，生成调度策略发送给网络控制器，进一步生成路径转发表。网络控制器负责收集网络信息，将网络信息上报至算力编排器，同时接收来自算力编排器的网络编排策略。算力编排器负责收集算力信息，接收来自网络控制器的网络信息，进行算网联合编排，同时支持将网络编排策略下发至网络控制器，由算力编排器负责业务调度。

（2）集中式与分布式协同部署方案。集中式与分布式协同部署方案如图 8-28 所示。算网编排管理中心维护全局静态算力和网络拓扑信息，算力资源和网络资源的实时状态信息由算力路由节点维护，在算力路由节点实现算网协同调度。

（3）分布式算力网络部署方案。分布式算力网络部署方案如图 8-29 所示。算网编排管理中心维护全局静态算力、服务和网络拓扑信息，并同步下发给各入口算力路由节点。算力路由节点维护算力服务的网络拓扑信息及算力资源和网络资源的实时状态信息，通过分布式算力路由节点进行算网协同调度。

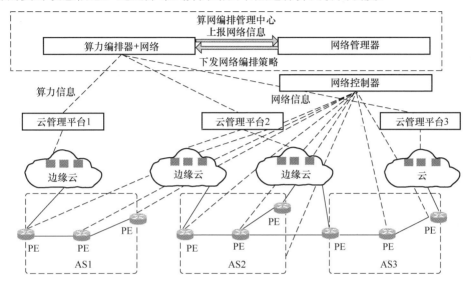

图 8-27　集中式算力网络部署方案

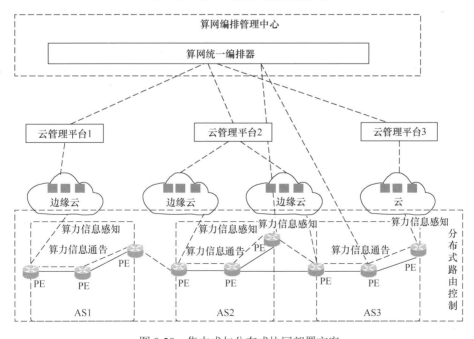

图 8-28　集中式与分布式协同部署方案

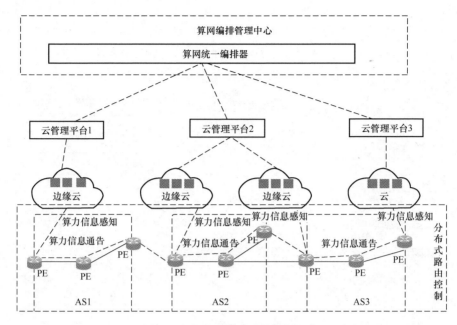

图 8-29　分布式算力网络部署方案

2. 现阶段网络部署方案

基于"东数西算"的产业发展大背景，面向数字经济，国内网络运营商均提出了各自的云网融合发展战略。其中，算网的两大发展方向是：加快网络互联互通，优化网络机构，扩展网络带宽，减少数据绕转时延；提高算力服务水平、支持集群和城区内数据中心一体化调度。云网一体、确定承载是运营商技术发展战略的核心关注点，将成为网络运营商摆脱管道服务、提高差异化竞争力、创新发展战略的核心动能。

基于对数、智、云、网各个发展阶段需求的理解，运营商核心内涵包括网络超宽连接能力、技术创新服务能力和意图注智运维能力三大方面，助力算网深度融合，为构筑云化泛在互联网奠定坚实的云网底座。未来算力网络的发展将经历 3个阶段：以网连算、以网强算、算网一体。

在以网连算阶段，重点关注多云算力的端到端网络连接能力，实现"尽力而为"的 SLA 网络保障。

在以网强算阶段，网络除了可以实现端到端算力的拉通，还可以实现算网资源的实时调优，达成云网间的协同调度，提供差异化 SLA 算网服务。

在算网一体阶段，网络将感知服务，实现服务、算力、网络的一体化调用，最终实现算网服务的确定性 SLA 保障。

1）以网连算

以网连算规划如图 8-30 所示。

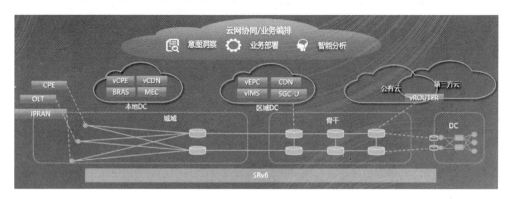

图 8-30　以网连算规划

以网连算，实现 SRv6 规模部署，构筑多云互联规模优势，基于 SRv6 等 IP 技术实现网络一跳入云、多云连接和云网一体调度。

SRv6 既发挥了 SR 技术简化网络协议、降低跨域部署复杂度、敏捷业务上线的特性，又发挥了 IPv6 可扩展性强、云网一体拉通、兼容 IPv4 现网的优势，可满足运营商核心、省份、地市、边缘多层次算力泛在互联的需求，实现 ToB/ToC/ToH 用户的任意介质的一跳敏捷入云。同时，通过 SRv6 Policy 等方式，可以实现多云间的弹性网络互联，实现基于业务带宽、时延等 SLA 需求的按需网络定制。

国内网络运营商目前均已实现 SRv6 端到端现网规模商用部署，并进行了一系列深入的试点。

2）以网强算

以网强算规划如图 8-31 所示。

以网强算，构建 CDN+IP 视频算网底座，打造差异化网络服务能力。基于内容分发网络（CDN）业务，提出了 CDN+IP 视频算网底座方案。该方案改进了传统的 CDN 静态服务模式，创新性地将 CDN 静态白名单选择服务模式改进为网络状态+CDN 状态二维选优服务模式。该模式解决了传统白名单选择模式下 CDN 资源利用不均、服务质量难以实时调优的问题。算网一体编排系统实现了 CDN 与网络的协同控制调优，以及 CDN 资源和网络资源的均衡负载，实时保障服务质量。

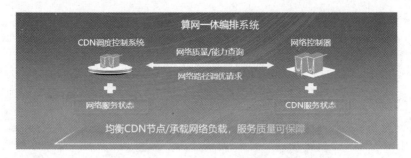

图 8-31 以网强算规划

通过引入网络侧的调优，用户 CDN 服务的体验感将大幅提升，视频的缓冲时长和卡顿时长将明显减少。同时，网络运营商也可基于业务的应用周期，对 CDN 资源和网络资源进行灵活调优，尝试探索 CDN 服务短期零售等新型商用服务模式。

CDN+IP 视频算网底座方案是云网资源协同调优的典型示例，目前已经开展了相关方案的技术试点工作，相信这将是云网融合阶段的一次有益尝试。

3）算网一体

算网一体规划如图 8-32 所示。

图 8-32 算网一体规划

算网一体，实现服务感知网络，提供确定性算网服务能力。服务感知网络引入服务感知网关，基于现有 IP 的演进设计，以服务标识为中心引入服务功能子层，使能 IPv6 网络的服务路由能力，并在网络连接层增强和扩展内生安全及层次化确定性网络能力。

服务感知网关不仅能感受到网络 SLA 需求，还能感受服务的算力需求、算力资源的分布和算力资源的使用情况。基于服务路由，服务感知网关可以实现从服务到网络的端到端拉通，真正实现算网泛在服务"不为所有，但为所用"的核心理念。

服务感知网络以算网融合为核心，从"主机互联"升级到"服务互联"，提升了网络的确定性、内生安全、移动性等，可以为应用提供与位置无关的一致性服务体验，实现异构算力和网络的泛在均衡调度，最终实现对业务的精准服务保障。

3. 基于 SRv6 的算力路由

1）基于 SRv6 的算力路由技术概述

基于 SRv6 的算力路由架构模型可分为集中式、分布式和混合式 3 种。

基于 SRv6 的算力路由集中式架构模型如图 8-33 所示。SRv6 算网调度系统、云管理平台和网络控制器共同构成算网管控中心。SRv6 算网调度系统感知算力服务信息和网络资源状态，根据业务需求集中编排 SRv6 算力路由，生成 SRv6 路由策略，供 SRv6 算力路由节点进行算力服务寻址调度。集中式架构模型使用的技术成熟，易于现网部署实现。

基于 SRv6 的算力路由分布式架构模型如图 8-34 所示。SRv6 算力路由节点感知算力服务信息和网络资源状态，通过分布式路由协议进行算力路由通告。SRv6 算力路由节点编排 SRv6 算力路径，将算力服务调度到最优的算力节点。

基于 SRv6 的算力路由混合式架构模型如图 8-35 所示。该模型将集中式架构模型与分布式架构模型扩展，由 SRv6 算网调度系统感知算力服务信息，由 SRv6 算力路由节点感知算力状态信息。SRv6 算网调度系统和 SRv6 算力路由节点联合进行算力寻址，将算力服务调度到最优算力节点。将算力服务信息与算力状态信息解耦，有利于 SRv6 算力路由的部署和实现。

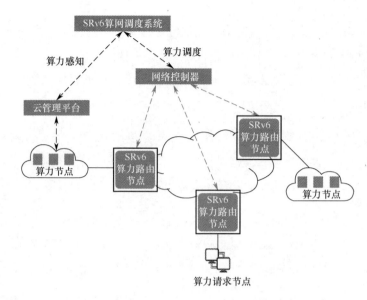

图 8-33 基于 SRv6 的算力路由集中式架构模型

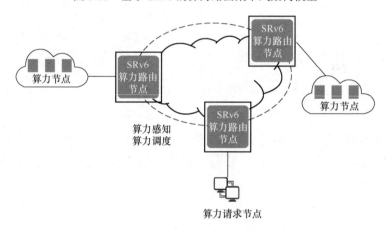

图 8-34 基于 SRv6 的算力路由分布式架构模型

基于 SRv6 的算力路由支持对用户需求、网络信息和算力资源的感知，可以实现"网络+计算"的联合调度，将业务调度到最佳算力节点。基于 SRv6 的算力路由架构由智能感知的 SRv6 控制面和功能增强的 SRv6 转发面组成。控制面可以感知并构建算网资源视图，生成基于 SRv6 的算力路由及路由策略。转发面可以通过 SRv6 功能编程执行 SRv6 算力服务路由，并支持算网端到端业务路由和基于算力服务的 SFC 路由。

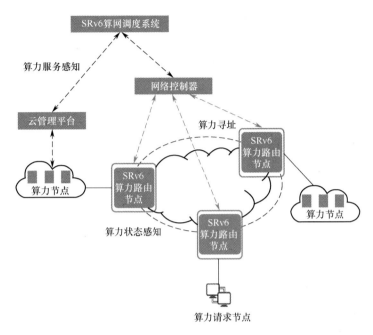

图 8-35　基于 SRv6 的算力路由混合式架构模型

2）基于 SRv6 的算力路由智能感知控制面技术

SRv6 算力路由使用并编排 SRv6 算力服务标识，标识网络上的算力服务或算力资源。SRv6 算力 SID 由算力路由控制面根据算网调度系统通告的服务信息与策略生成，支持为算力服务进行 Segment 编程，使用 SRv6 SID 标识算力服务，每个 SID 标识一种算力服务。在 SRv6 算力服务功能编程中，以便算力业务流量在 SRv6 算力路由节点实现算力服务的路由转发。

基于 SRv6 的算力路由控制面支持算力感知和网络感知技术，能够感知算力节点的算力资源状态和网络状态。算力路由控制面通过 IGP、BGP 由算力路由出口节点收集算力资源节点的算力资源状态；通过 RESTful 接口等直接从云管平台收集算力资源节点的算力资源状态；通过向存储和收集算力资源节点的算力资源状态的中间件设施（如分布式数据库），订阅提供算力服务的相关算力节点的算力属性集合，获得算力资源节点的算力资源状态。算力路由控制面支持将算力服务标识与算力资源节点的算力资源状态相关联，算力路由控制面支持算网按需求对算力资源节点提供的服务和保障能力进行评价。算力路由控制面为算力资源提供的算力服务分配唯一的 SRv6 算力服务标识，以便在服务决策时进行服务的识别和选择。

　　SRv6 算力服务标识支持由算力服务运营商进行的管理和分配，算力服务运营商可以是网络运营商，也可以是云服务运营商。SRv6 算力服务标识的注册或申请由算力服务提供商向算力服务运营商发起，算力服务运营商向算力服务提供商通知 SRv6 算力服务标识的分配结果，并通知网络将分配的 SRv6 算力服务标识及映射关系配置到算力网络节点。用户可以通过 SRv6 算力服务标识访问相应的算力服务。在 SRv6 算力路由中，可以由 SRv6 算网调度系统进行算力服务标识的分配，也可以由算力路由节点感知算力服务状态，借助路由协议对网络中的算力服务进行通告，以便其他 SRv6 算力路由节点获知网络中可用的算力服务。

　　基于 SRv6 的算力路由策略可以实现网络和算力的联合调度。其通过感知和识别算力服务的可用性与负载情况，根据算力资源状态，选择最佳算力节点；根据网络服务质量要求，编排合适的 SRv6 路径，为算力业务流量选择最佳算力服务路径。基于 SRv6 的算力路由策略使用 SRH 来定义算力路由路径，通过 Segment 标识一个或一组算力服务，使用 SRv6 SID 标识预设转发规则，通过编排 SRv6 SID 列表实现不同的算力路由策略。网络控制器向 SRv6 算力路由节点下发 SRv6 算力路由策略 SRv6 Policy。算力路由节点根据业务流量报文中携带的目标算力 SID 标识进行算力服务寻址，引导业务流量至对应的 SRv6 Policy。基于 SRv6 的算力路由策略通过指定算力服务的 SRv6 算力 SID，在 SRv6 路径中标识算力服务；支持指定算力服务的优先级，以便在多算力服务共存时确定执行顺序；支持指定算力服务的类型，以便同类型算力服务进行层次化聚合；支持路由编排，通过编排算力路由策略、定制算力路由策略或调整算力路由参数等方式进行路由编排。

　　端到端的算网统一路由策略可以实现算力网络从算力请求节点到算力节点的完整路径规划和选择，综合考虑整个算网系统中的计算、存储、网络情况，根据网络中的拓扑结构、拥塞情况、链路质量等因素，结合算力节点提供的服务资源的指标及分布情况，进行路由决策，为服务编排最优的 SRv6 路径，实现最佳的算力服务调度和算力资源利用。算网统一路由策略根据应用场景和具体需求，综合考虑算力和网络的 SLA 要求，进行算力 SLA 和网络 SLA 联合决策。算网 SLA 的联合调度需要监控和管理算力资源与网络资源的使用情况。对于算力资源，可以使用监控工具跟踪 CPU、内存、存储等指标；对于网络资源，可以使用网络性能监测工具来跟踪带宽、延迟、丢包率等指标。算网统一路由策略支持多要素算网策略统一调度，支持多算路策略、多约束组合。

3）基于 SRv6 的算力路由转发面增强技术

算网路由是一种集网、云、算于一体的综合路由。在网络入口节点，算网路由根据用户业务的算力和网络双 SLA 约束，制定算网路由策略。和当前 IP 拓扑路由显著不同的是，IP/MPLS 拓扑路由本质上解决的是"去哪里"的问题，即明确路由的网络目的节点，在参数上体现为 IP 地址或标签。在算力网络架构下，网、云、算综合路由本质上解决的是"去哪里"+"干什么（执行何种计算服务）"的问题，即在 IP 路由的基础上，叠加了算力服务路由。

算力请求节点发出的算力业务流量报文携带算力服务标识，SRv6 算力路由节点通过解析算力业务流量报文中的算力服务标识进行算力路由的转发，使用 SRv6 网络的各种转发策略机制，将算力业务流量通过 SRv6 路径路由到 SRv6 算力节点中。

SRv6 算网调度系统根据算力节点的服务资源利用率变化情况，更新 SRv6 路径选择表，通过网络控制器下发给算力路由节点。算力路由节点维护会话表，接受算力业务流量报文查找会话表，算力路由节点从算力业务流量中解析出算力服务，根据算力服务进行算力路由查找。算力路由节点通过 SRv6 技术编排可到达算力服务节点的 SRv6 路径，封装 SRH 转发头，将算力业务流量转发到算力服务实例节点。SRv6 算力路由节点编排本地策略（如最短路径、负载均衡、路径时延等），算力业务流量可以根据本地策略编排 SRv6 路径，选择对应的算力服务实例节点。

基于 SRv6 的算力路由转发面具备将用户请求分派到最佳算力服务实例节点和网络路径的能力。算力路由入口节点支持携带算力服务标识的报文到达时根据服务标识查找算力路由表，获取最合适的算力路由出口节点和路径，算力路由出口节点根据报文服务标识选择算力服务实例节点，将报文转发到具体的算力服务实例节点。

在端到端业务传输过程中，通常可以为业务提供各种服务功能（Service

Function，SF），包括传统的网络 SF，也包括为应用定制的 SF。这些 SF 可以形成一个服务功能链（Service Function Chain，SFC）。算力服务作为一种 SF，可以通过 SRv6 SID 算力服务标识定义，在 SRv6 网络上实现算力 SFC，由 SRv6 算力路由节点实现服务功能转发器（Service Function Forwarder，SFF）的功能，在 SRv6 SRH 中封装 SFF 节点列表，SRv6 转发面负责 SFF 路由编排和转发。另外，可以保留 SFC 的业务平面网络服务报文头（Network Service Header，NSH），NSH 负责 SFC 的流量转发。业务路由器将 NSH 报文从流分类器 Classifier 传输到 SFF，以及从 SFF1 传输到 SFF2。SRv6 算力路由节点根据算力 SFC 信息创建算力 SFC 转发表，维护算力功能标识与多个算力功能实例的映射关系。支持算力路由节点从算力 SFC 流量中确定算力服务功能标识，根据算力 SFC 转发表依次将流量发送到 SF 功能实例中。

4. 服务感知网络

算网深度融合的驱动力来自两个方面，一是需求侧，要求实现算力和网络的协同调度，满足业务对算力资源和网络连接的一体化需求。例如，高分辨率的 VR 云游戏既需要专用 GPU 计算资源完成渲染，又需要确定性的网络连接来满足 10 ms 以内的端到端时延要求。二是供给侧，依据 IT 和 CT 技术融合演进的趋势，传统网络设施逐渐向融合计算、存储、资源的新型智能化设施转变，云计算也由中心向边缘、超边缘及端计算等分布式泛在演进，形成全方位多维立体的算力布局。借助网络设施天生的无处不在的分布式特点，算网深度融合可以助力算力资源实现分布化部署，满足各类应用对时延、能耗、安全的多样化需求。

目前 IP 互联网的两大设计原则是端到端原则和分层解耦原则。这种架构可以使业务脱离网络独立发展，降低了业务创新门槛，促进了互联网产业的繁荣。然而，这种架构的缺陷是使业务和网络处于互相割裂的状态，不能满足算网一体服务对应用需求感知、算力和网络协同的需求。

根据算网融合服务对 IP 网络演进的要求，服务感知网络创新技术方案基于 IPv6 扩展能力，在网络层构建一个服务功能子层，成为应用层和网络层之间的桥梁。服务感知网络引入了位置和归宿无关的服务标识，在保留传统主机互联模式的基础上,新增了服务互联模式。服务感知网络可以实现网络对业务算网需求的感知、对算力资源的感知及基于两类感知的服务路由,使能 IP 网络成为算网一体服务的新型能力平台。

服务感知网络是基于泛在的算网共性服务构建的一个新的能力平台,在该平台上,终端、网络和云端可以实现以服务为中心的请求、路由、调度和交付。利用网络 L3 层增强基于服务的算网感知和路由能力,在实现算网深度融合并精细化使能算网资源调度的同时,在基础网络转发流程中高效地实现面向服务的算网路由,解决算网资源敏感、高效交互类新型业务场景和应用问题,实现以网络为中心的广域服务互联,无缝拉通服务使用方和服务提供方之间的高效连接,从而形成面向服务互联的端到端方案。

8.5　实践成效

本次实践基于算力并网,利用某运营商主导的西部多云协同算网平面、东部城域多云网络(Multi-Cloud Networking,MCN)、骨干网平面,以及云间互联 SD-WAN 算网,通过各资源域网络控制器对接编排系统后,实现跨省算力网络调度和省内算力网络调度。

8.5.1　跨省算力网络调度

算力流量跨省调配可以实现国家算力资源战略储备、西北算力资源统筹调配和东部算力资源统筹调配,如图 8-36 所示。

在国家算力资源战略储备方面,通过网络连接省内各节点算力资源,建设省级双核节点算网资源池,塑造高效联动的公共云资源富集区,打造省级枢纽节点,提供国家战略资源储备能力,省内为中央主节点提供分布式灾备能力,高度冗余,敏捷响应。

在西北算力资源统筹调配方面,通过打造省内互联互通能力,基于算网平面的高质量运力激活存量算力资源,实现以省级枢纽节点为核心,构建西北区域统筹调度能力，承接"一带一路"沿线地区的业务需求，基于新平面全面推动政企算力/数据业务整合，完善全省算网一体化能力，助力打造智慧政府。

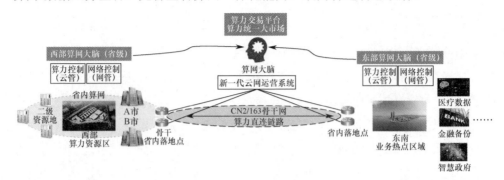

图 8-36　算力资源统筹调度

在东部算力资源统筹调配方面，进一步探索跨域算力统一运营服务平台。基于省内算网新能力，面向算力统一市场提供实时服务能力；充分满足东部地区用户业务自订购需求。以市场为导向发展算力交易能力。深入学习算力业务的特征与需求，指导省内算网资源建设方向。

本次实践在跨省算力网络调度方面实现了三维空间重构和空间定位、实时云渲染等业务的全局可视调度。

1. 三维空间重构和空间定位

AR 云与现实世界坐标对齐的持久云，这项成果不但能够实现在任何地点/多个设备上让虚拟世界与真实世界对齐，还能够将虚拟数字内容持久化地放置在真实世界/虚拟世界中，并通过设备与之实时进行现场及远程交互。AR 云的核心技术——三维空间重建和空间定位，需要使用大量的空间计算，以实现空间重建和空间定位。其中空间重构指通过采集上传的环境原始视频数据和辅助地理位置信息数据，自动提取环境特征，生成大规模三维点云模型；空间定位则指通过摄像头数据和传感器数据、云端算法解算 AR 设备在空间中的精确位姿，让人们与叠加的数字内容进行精准的互动。

下面以某电信博物馆的实践案例为例进行介绍。该案例展示了"东数西渲（算）"场景，首先通过 PPT 或视频展示东部数据采集上传、西部云端三维空间重建、终端空间定位的流程。然后通过后台展示建图任务与进程，通过 PC 端工具打开重建完成的三维点云模型进行展示。最后通过 iPad 现场模拟空间定位，呈现虚拟数字内容供参观者互动，如图 8-37 所示。

图 8-37　某电信博物馆三维空间重建

通过路由器的全局 IP 地址给予接入权限，东部地市运营商对用户鉴权通过后提供接入能力。接下来内容制作人员使用设备预先拍摄并上传需要进行三维重建的环境视频和辅助地理信息，然后由骨干网平面将上传的内容转发至西部，算力网 ASBR 接入网络控制器获取当前省内算网链路状态信息，多云平台获取当前各资源池的算力负荷。

综合判断算网服务资源，优先选择最佳网络链路，激活对应指向的云资源，称为"网调云"；反之称为"云调网"。西部天翼云资源池完成三维空间重建工作，点位云图经 SD-WAN over 骨干网回传东部边缘云，实现内容消费客户访问东部边缘云，获得叠加了空间定位能力的应用体验。

2. 实时云渲染

实时云渲染应用界面如图 8-38 所示。实时云渲染可以展示××省的风貌，提供线上游览服务，体验者可以在虚拟场景中获得沉浸式体验，获得身临其境般的游玩感受。实时云渲染通过搭建实际的体验环境（包括大空间多人互动、虚拟仿真实训），通过 VR 头显等终端设备满足客户的体验需求，同时借助同屏设备感知客户体验情况。此外，实时云渲染还可以通过 PPT 或视频展示大空间互动剧场&虚拟仿真实训的方案介绍和应用效果；通过后台展示应用管理，同时展示渲染过程中的性能指标情况，如渲染流数、时延、资源占用等。

对于现有成果，其所产生的价值表现为综合纳管省内多方算力资源，为多方业务流量提供统一转发平面的云资源，突破单方局限，满足未来混合云业务发展需求。目前实时云渲染技术支持 VR 游戏、在线文旅等业务，需要基于用户位置信息实时刷新显示内容。未来，实时云渲染技术将应用于工业生产、交通等领域，对实时性提出了更高要求。

大空间云渲染应用　　　　　　XR中心管理平台

应用任务配置页面　　　　　　资源情况查看页面

图 8-38　实时云渲染应用界面

在这个跨省算力网络调度过程中，西部地区新型算力基础设施建设成为重中之重。总体而言，推动"东数西算"工程不但能够优化算力网络布局，还能够促进东部数字经济产业链向西部延伸拓展，有效降低算力能源消耗，助力区域协调发展和国家碳达峰、碳中和目标的达成，促进绿色发展。加大数据中心在西部的布局力度，将大幅提高绿色能源使用比例，就近消纳西部绿色能源，同时通过技术创新、以大换小、低碳发展等措施，持续优化数据中心能源使用效率。

8.5.2　省内算力网络调度

建设以 A 市和 B 市为双核心的算力调度网络，承载省内所有网络运营商、互联网企业、社会资本建设算力化资源池，实现算力资源的省内调度和省内算力资源向东部发达省份的调度。A 市节点负责省内算力调度，B 市节点负责将省内算力资源提供给东部发达省份。省内算力网络调度部署方案如图 8-39 所示。

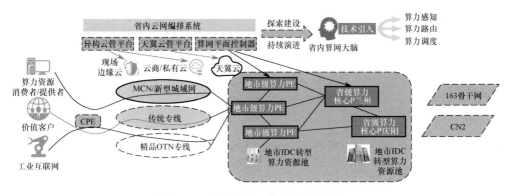

图 8-39 省内算力网络调度部署方案

基于"一张网""一个脑",高度协同省内自营算网资源,统筹规划资源布局,按需纳管省内社会化算力资源,率先探索算力统一大市场。

通过省内云网编排系统实现算网资源实时可视。云管平台实时获取各资源池算力负载,网管系统实时获取网络链路状态,云网编排系统拉通算网实时决策,最终实现算网资源实时可视、全局可查,面向市场拓展自服务能力。

针对算网业务的差异性需求,提供定制化解决方案。地市算力 PE 融合承载差异化接入能力,独立平面基于新设备能力提供多样化软切片和硬切片能力,针对算网业务需求差异,提供针对性解决方案(如高性价比、高隔离)。

8.5.3 实践意义

跨省算力网络调度和省内算力网络调度两个场景的落地实践具有代表性意义。一方面,在"东数西算"工程中开展创新尝试,通过省内建设的算力专网和算力资源调度最佳实践,充分验证了算力网络落地实践的技术可行性;另一方面,通过算力调度平台的建设运营实现××省全省算力资源的统筹共享调度,打造全栈算力服务,全面提升 IT 资源利用率,助力××省产业数字化和数字产业化的发展。

本次实践实现了数据中心向西部转移,促进了西部地区的经济增长,推动了区域协调发展。算力设施由东向西布局将带动相关产业的有效转移,促进东西部数据流通、价值传递,延展东部发展空间,推进西部大开发形成新格局;同时推动云计算、大数据等新兴产业在西部布局,提高国家整体算力水平。通过全国一体化的数据中心布局建设,扩大算力设施规模,提高算力使用效率,实现全国算力规模化、集约化发展。本次实践促进了西部产业的转型升级,也促进了西部地区的人才培养,提升了西部地区的数字产业竞争力,扩大了有效投资。数据中心产业链条长、投资规模大、带动效应强,建设算力枢纽和数据中心集群将有力地带动产业链上下游投资,推动数据中心合理布局、优化供需、绿色集约和互联互通。

9 Chapter

第 9 章
未来展望：智算网络

随着云计算、5G、大数据、人工智能、安全等技术与实体经济的深度融合，各行各业数字化、智能化程度日益提高，数字化业务场景日益丰富。面向未来的业务场景，海量业务在满足算力的同时，对承载算力连接的网络提出了低时延、低抖动的确定性连接需求。尤其是以 ChatGPT 为代表的大模型类应用的兴起及其在技术上的突破引发了全球对大模型的广泛关注，ChatGPT 的诞生被视为人类向通用人工智能迈出的坚实一步，ChatGPT 将颠覆很多领域和行业。本章从未来应用趋势出发，结合业界对海量算力的需求，深入分析了相关网络资源的需求情况，并对未来算力网络技术的发展进行了前瞻性展望。

9.1 大模型类应用对算力的需求趋势

9.1.1 ChatGPT 等新兴业务的兴起

人工智能初创公司 OpenAI 开发的生成式预训练变换（Generative Pre-trained Transformer，GPT）模型是一种基于预训练的深度学习模型（大语言模型）。该公司 2018 年推出 GPT-1，2022 年年末推出 GPT-3.5，2023 年 3 月发布最新版本 GPT-4，截至目前已经迭代更新了 5 代。OpenAI 规划在未来继续创新，GPT-5 的发布已经提上日程。

目前火爆的 ChatGPT 是 OpenAI 公司基于 GPT-3.5，使用人类反馈指令流进行微调，将有害的、不真实的和有偏差的输出最小化后推出的聊天机器人程序。据悉，ChatGPT Plus（收费版本）引入了 GPT-4，GPT-4 作为大型多模态模型，能够接受图像或文本输入，发出文本输出，但相关技术细节暂未公布。

根据公开文献可知，每代 GPT 在模型结构方面均采用 Transformer 架构，不同的是模型的层数和词向量长度等参数。历代 GPT 的参数量与训练量如表 9-1 所示。

表 9-1　历代 GPT 的参数量与训练量

模　　型	发布时间	层数/层	头数/个	词向量长度	参数量/个	预训练数据量
GPT-1	2018-06	12	12	768	1.17 亿	5 GB
GPT-2	2019-02	48	—	1600	15 亿	40 GB
GPT-3	2020-05	96	96	12888	1750 亿	45 TB
GPT-3.5	2022-10					
GPT-4	2023-3					

目前业界普遍认为，ChatGPT 的出现证明了可以通过海量数据与超强算力的结合，让自然语言处理（Natural Language Processing，NLP）通过大模型训练技术发生质的变化。

9.1.2　大模型类业务的运作模式

以 ChatGPT 为例，其全周期工作过程主要包括训练数据获取、模型训练、模型推理和模型迭代微调 4 个阶段。

1. 训练数据获取

目前，ChatGPT 的训练数据来源尚未公开，只能确定其训练数据截至 2021 年。根据 GPT-3 相关论文中的数据来源，可以推断 ChatGPT 至少训练了 5 类不同的语料，分别是低质量的 Common Crawl（60%，网络爬虫数据集）、高质量的 WebText2（22%，网络文本）、Books1（8%，未公开来源）、Books2（8%，未公开来源）和 Wikipedia（3%，维基百科）。

2. 模型训练

ChatGPT 在 GPT-3.5 模型的基础上，引入人类反馈的强化学习技术（Reinforcement Learning from Human Feedback，RLHF），通过人工标注的方式，让模型学习人类对话的过程，让人类标注、评价模型回答的结果，据此微调原始模型，使收敛后的模型在回答问题时能够更加符合人类的意图。

3. 模型推理

在模型推理阶段，首先对用户输入语言进行识别、情感分析。然后进行信息抽取，从用户输入的信息中提取关键特征，进行全文搜索处理。接着进行文本生成，并通过奖励模型对生成的内容进行选取。最终将生成的内容转换成合适的问答格式输出。

4. 迭代微调

在迭代微调阶段，一方面开发者需要对模型参数进行调整，以确保输出的内容不是有害的和失真的，并基于用户反馈和近端策略优化（Proximal Policy Optimization，PPO）对模型进行大规模或小规模的迭代训练。另一方面，在从基础大模型向特定场景迁移的过程中，如基于 ChatGPT 构建医疗 AI 大模型，需要使用特定领域的数据进行模型的二次训练。

9.1.3　大模型对算力的需求量巨大

网络模型越来越大，训练所需的资源从单机单卡、一机多卡发展到多机多卡的分布式集群。大模型参数规模达到千亿甚至万亿级别后，大模型训练需要借助分布式训练技术和超大规模算力的支持。这是一个系统工程，从并行训练到大规模并行训练，其中包括对 AI 集群的调度和管理、对集群通信带宽的研究，考虑算法在模型的并行、数据的并行等策略上与通信进行极限融合，求解在有限带宽的前提下数据通信和计算之间的最优值。

ChatGPT 算力及能耗估算如表 9-2 所示。需要说明的是，由于 ChatGPT 数据并未公开，表 9-2 中的数据是根据 GPT-3 基于单机搭载 16 片 V100 GPU 的英伟达 DGX2 服务器进行推理所得的。

（1）在模型训练阶段，算力需求取决于模型的参数量、训练数据集的规模等，单次训练算力需求为 $1.48×10^6$ EFLOPS，所需服务器约为 8559 台，成本为 200～1200 万美元，耗电量约为 205 万 kW·h。

表 9-2 ChatGPT 算力及能耗估算

阶　　段	算力/EFLOPS	服务器/台	耗电量/(kW·h)	标准煤/t	CO_2 排放/t
训练	$1.48×10^6$	8559	2054160	302.94	745.25
推理/日	$1.46×10^5$	338	52728	7.78	19.13

（2）在模型推理阶段（运营阶段），单项任务的算力开销不大，但是庞大的用户量带来的推理总量使该阶段的算力消耗不容小觑。预计日常运营推理单日所需算力为 $1.46×10^5$ EFLOPS，所需服务器约为 338 台，成本约为 29.6 万美元，耗电量约为 5.2 万 kW·h。

（3）在模型迭代微调阶段，具体算力需求和成本取决于模型的迭代速度。

目前在大模型这个系统工程中，英伟达 GPU+微软 DeepSpeed、Google TPU+TensorFlow 和华为昇腾 Atlas800+MindSpore 三大厂商能够实现全面优化。至于其他厂商，大部分都是在英伟达 GPU 的基础上进行一些创新和优化。

9.2　人工智能时代下智算网络的发展

随着新一代人工智能技术的不断进步和大型生成式 AI 模型的兴起，数据量和存储需求持续增长，这对数据中心网络在大规模组网、高性能转发等方面提出了新的要求。因此，为了满足海量 AI 计算需求，需要建设具备大带宽、低时延、零丢包、无损等性能的智算中心（智算网络），并通过优化智算网络能力提高 AI 算力服务能力。

业界通常认为智算网络包括入算网络、算内网络和算间网络，是承载智算业务的网络基础设施，目前尚未有明确的技术层面的定义。接下来将详细介绍智算网络的发展。

9.2.1　数据中心演进历程

数据中心指用于连接各种计算设备、存储设备和网络设备的网络基础设施。云计算、物联网、大数据、虚拟化技术的不断发展及网络运营商和互联网公司需求的不断提升，促使数据中心网络快速发展和演进，以适应数字化转型的需求和挑战。

20 世纪 90 年代末，数据中心网络初具雏形。早期数据中心网络一般采用集中式架构，由一个或少数几个主机负责处理所有的数据流量。这种架构非常简单，易于实现，但存在单点故障和性能瓶颈的问题。为了突破集中式架构的局限性，数据中心网络逐渐演变为包括核心层、汇聚层和接入层的层次架构。其中，核心层负责处理数据中心内部和外部的大量数据流量；汇聚层主要用于连接核心层和接入层；接入层则连接服务器和终端设备。这种分层架构能够提供更好的可扩展性和冗余性，但大规模数据心中可能存在扩展性和延迟的问题。随着互联网的普及和大型互联网公司的兴起，互联网数据中心（IDC）的概念应运而生，它基于分布式数据中心架构，通过广域网连接多个数据中心，实现资源共享和负载均衡，能够提供更高的灵活性和可用性。

2006 年，谷歌首次提出了云计算的概念。云计算的蓬勃发展使越来越多的组织和企业开始将数据与应用程序迁移至云端。云计算提供了可扩展的计算资源和存储资源，被认为是信息技术基础架构的基本。数据中心成为支持云服务的关键基础设施，数据中心网络的规模和复杂性不断增大。此外，随着大数据技术的快速发展，组织和企业需要处理与分析的数据集规模越来越大，大数据应用对数据中心网络的带宽、时延和可扩展性提出了巨大挑战。数据中心网络需要支持高速的数据传输和大规模的数据处理，从而满足大数据应用的需求。

2010 年之后，虚拟化技术的普及推动了数据中心网络的革新与演进。虚拟化技术将物理服务器虚拟化为多个虚拟机，并提供虚拟机之间、虚拟机与外部网络之间的高性能连接，实现了数据中心资源的灵活分配和管理。大型互联网公司拥有庞大的用户基础和海量的数据，这对数据中心网络的性能、可扩展性和可靠性提出了极高的要求，推动了数据中心网络架构的进一步创新。谷歌提出了以自定义硬件为基础的数据中心网络架构：Jupiter 网络。其采用多层交换结构，提供大带宽和低时延的数据传输，为实现更好的网络性能和可扩展性提供了思路。此外，各大企业利用机器学习和人工智能等技术，实现了数据中心网络的自动管理和配置，提高了网络的可管理性和效率。

2020 年迎来了大数据时代，算力对于分析和处理大规模数据至关重要。高算力能够加快数据处理、数据挖掘和机器学习算法的训练过程，并提高服务器处理任务的速度和效率。随着数据业务量的激增，通用 CPU 逐渐无法承担业务的需求，各类 GPU、FPGA、ASIC 等 AI 计算芯片得以迅速发展。这些异构高性能处理器提高了数据处理效率，演变成数据中心算力的主流，成为未来高性能计算、人工智能、并行计算等应用的不二之选。然而，基于数据中心网络的算力评估尚未完善，对其性能指标的标准制定仍处于研究阶段。

数据中心网络经历了从传统的三层架构到互联网数据中心的分布式架构，再到超大规模数据中心网络架构等阶段。这些演进提升了数据中心网络的性能、可靠性和可扩展性，使数据中心网络能够满足大带宽、低时延和灵活性的要求。未来，随着新兴技术的发展，数据中心网络将不断迭代，向高性能数据中心网络演进，从而应对当今海量用户对多种类型业务处理的需求。

9.2.2 智算中心网络技术路线

目前智算中心网络有两种主流技术路线：无限带宽技术（InfiniBand，IB）网络和基于以太网的高性能通信技术（RDMA over Converged Ethernet，RoCE）网络。

1. IB 网络

IB 网络源于高性能计算中服务器之间的互联技术，利用专属子网管理器、IB 网卡、IB 交换机和 IB 连接线缆构建大带宽、高性能、低时延的无损网络。IB 网络采用基于 Credit 的流量控制系统，在接收对象未保证充足的缓冲之前，不会发送数据包，源节点通过经 Credit 许可的方式发送数据包。IB 网络支持远程直接内存访问（Remote Direct Memory Access，RDMA）内核旁路机制，允许在应用和网卡之间直接读取数据，从而使协议栈时延大幅降低，同时允许接收端直接从发送端内存读取数据，极大地降低了 CPU 的负载。

IB 网络的主要问题在于网络封闭、生态链相对薄弱，同时需要引入专用 IB 网卡、IB 交换机、线缆等基础设施，网络建设成本较高。

2. RoCE 网络

RoCE 网络与 IB 网络同源，均由无线宽带技术贸易协会（InfiniBand Trade Association，IBTA）提出并标准化。RoCE 是一种基于以太网的 RDMA 技术，它利用以太网的大带宽、低成本和广泛的应用范围，实现了在数据中心网络中高性能、低时延的数据传输。

RoCE 网络的实现需要使用支持 RoCE 的网卡和交换机，同时需要使用适当的驱动程序和协议栈。RoCE 可以利用已有的以太网基础设施，无须建立专门的网络设备，从而降低了网络部署和维护成本。此外，RoCE 可以支持更高级别的网络协议，如 TCP/IP 和 UDP/IP，与现有的网络兼容性好。

RoCE 有两个协议版本，即 RoCEv1 和 RoCEv2，目前被广泛应用的是 RoCEv2。业界大部分网卡和以太网交换机均支持 RoCEv2，且有一定的商用成功案例。需要指出的是，RoCEv2 网络需要借助无损网络流控和拥塞控制等管控技术，并与端侧 RoCEv2 网卡协同，才能实现以太网的无损特性。

智算中心网络中的模型、算力、网络是相辅相成的，需要统筹适配调优之后才能达到最佳效果，当前行业大模型智算项目均采用一体化方案建设。目前智算中心解决方案可以分为厂商一体化方案与客户定制化方案。厂商一体化方案包括基于 IB 的一体化方案与基于 RoCE 的一体化方案。基于 IB 的一体化是指端到端解决方案中的服务器、网卡和交换机均采用同一厂商支持 IB 的设备，以英伟达公司为代表。基于 RoCE 的一体化是指端到端解决方案中的服务器、RoCEv2 网卡和 RoCEv2 交换机均采用同一厂商支持 RoCE 的设备，以华为公司为代表。客户定制化方案是指在端到端 RoCE 网络中融入客户定制化要求或自研产品，并按需选择不同供应商的服务器、RoCE 网卡和 RoCE 交换机设备。

3. 方案对比

在网络承载能力方面,为了实现 IB 网络可比的无损承载能力,无论是使用厂商一体化方案还是使用客户定制化方案,RoCE 网络均需要引入流量控制、拥塞控制、负载均衡等功能。当前各主流厂商的 RoCE 交换机设备均支持 ECN 和 PFC 等基础功能,个别厂商还支持动态负载均衡功能,针对大流量场景,能够实现更优的负载均衡效果。

在业务性能指标方面,厂商一体化方案和客户定制化方案均可以满足绝大部分智算场景和组网规模的业务需求。根据第三方的测试报告,IB 网络方案与 RoCE 网络方案相比具有一定的优势:在吞吐性能方面,两者均接近 200 Gbps 的理论线速值,RoCE 略低于 IB;在集合通信性能方面,RoCE 的性能约为 IB 的 90%;在应用加速比方面,两者的性能相差不大。

在建网成本方面,IB 网络方案要高于 RoCE 网络方案,主要是 IB 网络方案的交换机和光模块的成本比 RoCE 网络方案高。此外,支持 IB 的网络设备主要由英伟达等少数供应商提供,形成了一个相对封闭的生态系统;而支持 RoCE 的网络设备由众多供应商提供,其生态系统更加开放。因此,RoCE 网络方案逐步成为市场的主流选择。

9.2.3　智算中心成为演进方向

近几年人工智能的研究取得了重大成就,AI 能力渗入多个领域,包括自动驾驶、语音识别、网络安全等。在此背景下,智能算力为数字社会高质量发展提供了数字转型、智能升级、融合创新的新动力。

智算中心是以 GPU 和 AI 加速卡等智能算力为核心,集约化建设的新型算力基础设施。其提供软硬件全栈环境,主要承载模型训练、中心推理、多媒体渲染等业务,支撑各行业的数智化转型升级。传统的数据中心主要面向业务场景,以服务器或虚拟机为池化对象,网络提供服务器之间或虚拟机之间的连接,数据大多进行南北向流动。而智算中心主要面向任务场景,以算力资源为池化对象,网络提供 CPU、GPU 和存储之间的高速连接,数据大多进行东西向流动。智算中心网络作为算力的组成部分，贯穿数据计算和存储的全流程。因此，网络性能的增强对智算中心整体算力水平的提升具有关键作用。

在 2022 年我国新增的算力基础设施中，智能算力基础设施占比过半，智算中心正在支撑人工智能产业的快速发展，成为人工智能产业和经济增长的新动能。国际数据中心、浪潮和清华大学全球产业研究院联合发布《全球计算力指数评估报告》，报告指出，智能算力对提升国家和区域经济核心竞争力的重要作用已经成为业界共识，国家的计算力指数平均每提高 1 点，国家的数字经济和 GDP 将分别增长 3.5‰和 1.8‰，预计该趋势在今后几年将继续保持。2023 年 ChatGPT 的爆火让人们逐渐意识到：提升模型参数的规模和性能后，AI 大模型训练对网络的需求会发生巨大变化。AI 大模型训练对智算中心内部组网提出了超大规模、超高带宽、超低时延、网络零丢包的需求。

1. 超大规模组网需求

AI 模型的参数量以每年 10 倍的速度增长。在之前的 AI 应用中，大多数训练任务都是基于单卡或单机完成的，但在大模型时代，需要数千张甚至数万张卡完成一项任务。

当前 ChatGPT 在参数规模上已经达到了千亿级别，这意味着训练超大 AI 模型需要数千块甚至数万块 GPU 所组成的集群要实现高速互联。以 ChatGPT 为例，ChatGPT 共投入近 10000 块 GPU 训练了约 30 天，使用了超过 45 TB、共 3000 亿个单词的海量数据集，目前仍在快速增长。此外，按照现有 ChatGPT 的规模，如果用一张 A100 卡训练，需要 32 年；从存储来看，大模型具有 350 GB 的存储空间，运行时会产生大量的参数存储，最终可能生成几个 T 的数据量，而 GPU 单卡的显存容量为 80 GB，如果要训练这样的大模型，需要数千张甚至数万张卡同时运行。

2. 超高带宽组网需求

AI 大模型训练是一种带宽敏感型计算业务。传统的中小模型训练往往只需要少量 GPU 服务器参与，跨服务器的通信需求相对较少，其互联网络带宽可以沿用数据中心通用的 100 Gbps 带宽。但在具有千亿级甚至万亿级参数规模的 AI 大模型训练过程中，需要在不同的 GPU 网卡之间传输大量参数、梯度信息，对数据中心网络的传输带宽提出了更高的要求。以千亿级参数规模的 AI 模型为例，服务器内和服务器间的部分集合通信会产生 100 GB 量级的通信数据，因此服务器内和服务器间 GPU 都需要支持高速互联。目前，各厂商纷纷将接入带宽升级到 800 Gbps、1.6 Tbps 以提升训练性能。腾讯星脉网络为每个计算节点提供 1.6 Tbps 的超高通信带宽，实现了 10 倍以上的通信性能提升。

3. 超低时延组网需求

在 AI 大模型的大规模训练集群中，满足低时延、高吞吐量的机间通信，提高 GPU 有效计算时间占比，对于 AI 分布式训练集群的效率提升至关重要。为了保障 AI 大模型训练的高频计算和数据传输效率，网络的传输时延需要从毫秒级缩短至微秒级，从而避免 GPU 计算因等待数据传输而造成效率下降。

时延有静态时延和动态时延两种类型。静态时延包括数据串行时延、设备转发时延和光/电传输时延。静态时延取决于转发芯片的能力和数据传输的距离，通常为固定值且很容易预测，目前业界的时延普遍为 ns 级或亚 μs 级，在网络总时延中占比小于 1%。动态时延包括重传排队时延和主机处理时延。动态时延由网络拥塞和丢包引起，对网络性能的影响较大。因此，缩短网络时延的关键是解决动态时延问题。

4. 网络零丢包组网需求

极少丢包甚至零丢包将极大地减少丢包重传带来的带宽资源消耗。因此，在 AI 大模型训练任务周期中，需要保证有效吞吐，提高数据搬移效率。99% 的网络延时是由丢包引起的，RDMA 的高效率依赖极低的丢包率。数据显示，当网络的丢包率大于 10^{-3} 时，RDMA 有效吞吐将急剧下降；2% 的丢包率将使 RDMA 吞吐率下降为 0。因此，要使 RDMA 吞吐不受影响，必须将丢包率控制在十万分之一以下，最好为零丢包。此外，网络丢包率的提高会导致 GPU 有效计算时间占比降低。为了提升 GPU 的有效计算时间占比，AI 大模型训练下的数据中心网络需要满足零丢包的要求。

附录 A 测试组网及测试方法

测试组网部署情况如图 A-1 所示。算力网关 G1 下部署算力资源C2（8007::2 cpu: 16 memory: 102400），G3 下部署算力资源 C3（9007::2 cpu: 8 memory: 256000），G1、G3 通告算力路由给 G2，G2 形成算力路由表，G2 分别与 G1、G3 建立 SRv6 Policy 隧道，算力网关 G2 接收用户的 APN6 报文，根据用户信息进行转发。

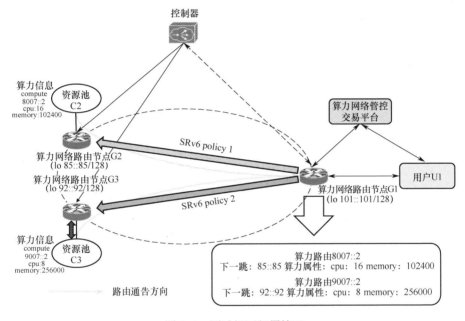

图 A-1 测试组网部署情况

A.1 SSH 登录

安全外壳协议（Secure Shell，SSH）登录的测试方法与步骤如表 A-1 所示。

表 A-1 SSH 登录的测试方法与步骤

测试目的	通过 SSH 方式可以登录设备
预置条件	设备正常运行，管理网络可达
操作步骤	1. 执行 ssh admin@{IP} 命令 2. 输入密码
预期结果	正常打印登录设备系统信息，无打印错误

A.2 配置带外管理接口的 IP 和掩码

配置带外管理接口的 IP 和掩码的测试方法与步骤如表 A-2 所示。

表 A-2 配置带外管理接口的 IP 和掩码的测试方法与步骤

测试目的	配置带外管理口的 IP 地址等
预置条件	设备正常运行，管理网络可达
操作步骤	1. 在 Web 页面登录设备 2. 在 Web 页面修改设备 IP 地址 3. 使用新的 IP 地址重新登录设备
预期结果	正常登录设备，无打印错误

A.3 查询设备日志

查询设备日志的测试方法与步骤如表 A-3 所示。

表 A-3 查询设备日志的测试方法与步骤

测试目的	查询设备的日志信息
预置条件	设备正常运行，管理网络可达
操作步骤	1. 登录设备 2. 点击日志页面，查看相关日志
预期结果	正常显示日志信息，无打印错误

A.4 容器化部署测试

容器化部署的测试方法与步骤如表 A-4 所示。

表 A-4 容器化部署的测试方法与步骤

测试目的	支持功能容器化部署
预置条件	设备正常运行，管理网络可达
操作步骤	1. 登录设备 2. 查看容器状态
预期结果	正常显示容器信息，无打印错误

A.5 获取网络状态

获取网络状态的测试方法与步骤如表 A-5 所示。

表 A-5　获取网络状态的测试方法与步骤

测试目的	支持对网络状态的获取
预置条件	设备正常运行，管理网络可达
操作步骤	1．进入核心网络操作系统（Core Netware Operating System，CNOS） 2．单击物理网络总览 3．选择一条链路单击详情查看链路信息
预期结果	正常显示链路状态

A.6　获取 SRv6 转发路径

获取 SRv6 转发路径的测试方法与步骤如表 A-6 所示。

表 A-6　获取 SRv6 转发路径的测试方法与步骤

测试目的	获取 SRv6 转发路径
预置条件	1．设备正常运行，管理网络可达 2．CNOS 控制器已部署 SRv6 业务
操作步骤	1．进入核心网络操作系统 2．单击控制器隧道/路径管理 3．单击 SRv6 Policy 路径 4．选择一条路径单击详情查看隧道路径
预期结果	正常显示隧道路径

A.7　获取网络连通性和时延

获取网络连通性和时延的测试方法与步骤如表 A-7 所示。

表 A-7　获取网络连通性和时延的测试方法与步骤

测试目的	获取算力网络节点之间的网络连通性和时延等信息，探测算力服务是否可达
预置条件	1．设备正常运行，管理网络可达 2．已部署 SRv6 业务
操作步骤	1．SSH 登录设备 2．算力网关 G2 向 G3 发起 SRv6 ping 3．查看回显
预期结果	算力网络节点之间的网络连通性、时延可展示，算力服务可达

A.8　Web UI 配置资源信息

Web UI 配置资源信息的测试方法与步骤如表 A-8 所示。

表 A-8　Web UI 配置资源信息的测试方法与步骤

测试目的	配置算力资源信息
预置条件	1. 设备正常运行，管理网络可达 2. 已登录 Web GUI
操作步骤	1. 进入核心网络操作系统 2. 依次单击网络配置/路由协议/算力资源界面 3. 在输入框中添加算力资源 4. 查看当前算力资源列表
预期结果	正常显示新增算力资源，无打印错误

A.9　云网平台获取算力路由信息

云网平台获取算力路由信息的测试方法与步骤如表 A-9 所示。

表 A-9　云网平台获取算力路由信息的测试方法与步骤

测试目的	云网平台获取算力网关的算力路由信息
预置条件	1. 设备正常运行，管理网络可达 2. 已配置算力资源 3. 算力网关之间 BGP 邻居已创建成功
操作步骤	1. 在 Web 页面登录 G2 设备，BGP 重分发算力路由 2. 在 G1 设备上查看通告过来的算力路由 3. 云网平台调用算力网关接口获取算力路由信息
预期结果	正常显示通告的算力资源，无打印错误

A.10　BGP4+通告算力资源信息

BGP4+通告算力资源信息的测试方法与步骤如表 A-10 所示。

表 A-10　BGP4+通告算力资源信息的测试方法与步骤

测试目的	测试 BGP 通告算力资源信息
预置条件	1. 设备正常运行，管理网络可达 2. 已配置算力资源 3. 算力网关之间 BGP 邻居已创建成功

（续表）

操作步骤	1. 在 Web 页面登录 G2 设备，BGP 单播地址族配置重分发算力路由
	2. 在 G1 设备上查看通告过来的算力路由
预期结果	正常显示通告的算力资源，无打印错误

A.11 ISIS-v6 通告算力资源信息

ISIS-v6 通告算力资源信息的测试方法与步骤如表 A-11 所示。

表 A-11 ISIS-v6 通告算力资源信息的测试方法与步骤

测试目的	测试 ISIS-v6 通告算力资源信息
预置条件	1. 设备正常运行，管理网络可达
	2. 已配置算力资源
	3. 算力网关上 IS-IS 邻居创建成功
操作步骤	1. Web 页面登录 G3 设备，ISIS 向 G1 设备通告算力路由
	2. G1 设备上查看通告过来的算力路由

A.12 BGP-LS 拓扑上报

BGP-LS 拓扑上报的测试方法与步骤如表 A-12 所示。

表 A-12 BGP-LS 拓扑上报的测试方法与步骤

测试目的	将拓扑信息通过 BGP-LS 上报给控制器
预置条件	1. 设备正常运行，管理网络可达
	2. 设备导入控制器，BGP-LS 邻居创建成功
操作步骤	在控制器的物理网络界面查看上报的拓扑
预期结果	控制器上展示拓扑正确无误

A.13 SRv6 业务部署

SRv6 业务部署的测试方法与步骤如表 A-13 所示。

表 A-13 SRv6 业务部署的测试方法与步骤

测试目的	SRv6 业务部署
预置条件	1. 设备正常运行，管理网络可达
	2. 已登录 Web GUI
	3. 控制器和设备上的预部署已完成

（续表）

操作步骤	1. 进入核心网络操作系统 2. 依次单击虚拟网络/虚拟网络总览 3. 在界面上部署虚网业务
预期结果	G1、G2、G3 虚网业务部署成功（包含 Segment-list），SRv6-TE 隧道创建成功，私网路由迭代成功

A.14　用户通过 VXLAN 与资源池建立连接

用户通过虚拟扩展局域网（Virtual Extensible Local Area Network，VXLAN）与资源池建立连接的测试方法与步骤如表 A-14 所示。

表 A-14　用户通过 VXLAN 与资源池建立连接的测试方法与步骤

测试目的	用户通过 VXLAN 访问资源池
预置条件	设备正常运行，管理网络可达
操作步骤	1. 配置算力网关 G1 和 G2 的 VXLAN 隧道 2. 用户访问资源池 C1 和资源池 C2
预期结果	资源池信息访问成功

A.15　用户通过 SR-MPLS 与资源池建立连接

用户通过 SR-MPLS 与资源池建立连接的测试方法与步骤如表 A-15 所示。

表 A-15　用户通过 SR-MPLS 与资源池建立连接的测试方法与步骤

测试目的	用户通过 SR-MPLS 访问资源池
预置条件	设备正常运行，管理网络可达
操作步骤	1. 配置算力网关 G3 和 G2 的 SR-MPLS 2. 用户访问资源池 C2 和资源池 C3
预期结果	资源池信息访问成功

A.16　接口获取算力信息

接口获取算力信息的测试方法与步骤如表 A-16 所示。

表 A-16　接口获取算力信息的测试方法与步骤

测试目的	支持接口获取算力信息
预置条件	1. 设备正常运行，管理网络可达 2. 已登录 Web GUI 3. 算力信息已下发
操作步骤	利用 Postman 查看当前算力信息
预期结果	正确显示已部署的算力信息

A.17 算力网关功能用户界面化

算力网关功能用户界面（User Interface，UI）化的测试方法与步骤如表 A-17 所示。

表 A-17 算力网关功能 UI 化的测试方法与步骤

测试目的	支持算力网关 UI 登录
预置条件	1. 设备正常运行，管理网络可达 2. 已登录 Web GUI 3. SRv6 业务已下发
操作步骤	1. 利用 Web GUI 登录算力网关 G2 2. 在 G2 的 Web 上查看当前业务参数
预期结果	正确显示已部署的业务配置

A.18 Web UI 对算力网关功能进行配置

Web UI 对算力网关功能进行配置的测试方法与步骤如表 A-18 所示。

表 A-18 Web UI 对算力网关功能进行配置的测试方法与步骤

测试目的	通过 Web UI 对算力网关功能进行配置
预置条件	1. 设备正常运行，管理网络可达 2. 已登录 Web GUI
操作步骤	1. 利用 Web GUI 登录算力网关 G2 2. 在 G2 的 Web 上配置子接口 IP
预期结果	接口 IP 配置正确，系统运行页面可查

A.19 报文转发能力测试

报文转发能力的测试方法与步骤如表 A-19 所示。

表 A-19 报文转发能力的测试方法与步骤

测试目的	200 Gbps 以上转发无丢包，2 Tbps 以上报文转发无丢包
预置条件	设备正常运行，管理网络可达
操作步骤	使用测试仪表测试 IPv6 的转发性能
预期结果	1. 200 Gbps 以上转发无丢包、无多包 2. 2 Tbps 以上报文转发无丢包

A.20　网络时延测试

网络时延的测试方法与步骤如表 A-20 所示。

表 A-20　网络时延的测试方法与步骤

测试目的	基本形态下 IP 包转发时延小于 10 ms（256 字节包长），高级形态下 IP 包转发时延小于 10 ms（64 字节包长）
预置条件	设备正常运行，管理网络可达
操作步骤	使用测试仪表测试 IPv6 的转发性能
预期结果	1. 基本形态下 IP 包转发时延小于 10 ms（256 字节包长） 2. 高级形态下 IP 包转发时延小于 10 ms（64 字节包长）

A.21　路由表容量测试

路由表容量的测试方法与步骤如表 A-21 所示。

表 A-21　路由表容量的测试方法与步骤

测试目的	基本形态下支持不少于 5 万条路由信息表（Routing Information Base，RIB）表项和 5 万条转发信息表（Forwarding Information Base，FIB）表项，高级形态下支持不少于 15 万条 RIB 表项和 15 万条 FIB 表项
预置条件	设备正常运行，管理网络可达
操作步骤	1. 使用测试仪表向基本形态设备发 5 万条路由，反向打流 2. 使用测试仪表向高级形态设备发 15 万条路由，反向打流
预期结果	设备能学到路由，流量转发正常，无丢包、错包

A.22　IGP 容量测试

IGP 容量的测试方法与步骤如表 A-22 所示。

表 A-22　IGP 容量的测试方法与步骤

测试目的	测试 IGP 容量大小
预置条件	设备正常运行，管理网络可达
操作步骤	1. 使用测试仪表与基本形态设备建立 10 个 IGP 邻居，不少于 2000 条 IGP 路由 2. 使用测试仪表与高级形态设备建立 100 个 IGP 邻居，不少于 10000 条 IGP 路由
预期结果	1. 使用测试仪表与基本形态设备建立 10 个 IGP 邻居，不少于 2000 条 IGP 路由，路由转发不丢包 2. 使用测试仪表与高级形态设备建立 100 个 IGP 邻居，不少于 10000 条 IGP 路由，路由转发不丢包

A.23　"BGP4+"容量测试

"BGP4+"容量的测试方法与步骤如表 A-23 所示。

表 A-23　"BGP4+"容量的测试方法与步骤

测试目的	测试"BGP4+"容量大小
预置条件	设备正常运行，管理网络可达
操作步骤	1．使用测试仪表与基本形态设备建立 30 个"BGP4+"邻居，发布不少于 10000 条路由 2．使用测试仪表与高级形态设备建立 200 个"BGP4+"邻居，发布不少于 50000 条路由
预期结果	1．使用测试仪表与基本形态设备建立 30 个"BGP4+"邻居，发布不少于 10000 条路由，路由转发不丢包 2．使用测试仪表与高级形态设备建立 200 个"BGP4+"邻居，发布不少于 50000 条路由，路由转发不丢包

A.24　稳定性测试（一般项）

稳定性的测试方法与步骤如表 A-24 所示。

表 A-24　稳定性的测试方法与步骤

测试目的	稳定性测试
预置条件	设备正常运行，管理网络可达
操作步骤	连续运行设备 24 小时
预期结果	无重启，无打印错误

A.25　Web GUI 登录系统测试

Web GUI 登录系统的测试方法与步骤如表 A-25 所示。

表 A-25　Web GUI 登录系统的测试方法与步骤

测试目的	通过 Web GUI 登录设备
预置条件	设备正常运行，管理网络可达
操作步骤	1．在浏览器中执行 http://{管理 IP}命令 2．输入用户名和密码
预期结果	正常登录 Web GUI，无打印错误

A.26　查询设备硬件版本号

查询设备硬件版本号的测试方法与步骤如表 A-26 所示。

表 A-26　查询设备硬件版本号的测试方法与步骤

测试目的	正常查询到设备硬件版本号
预置条件	设备正常运行，管理网络可达
操作步骤	1．利用 Web GUI 登录设备 2．在首页查看硬件版本号
预期结果	版本正常显示，无打印错误

A.27　查询设备软件版本号

查询设备软件版本号的测试方法与步骤如表 A-27 所示。

表 A-27　查询设备软件版本号的测试方法与步骤

测试目的	正常查询到设备软件版本号
预置条件	设备正常运行，管理网络可达
操作步骤	1．利用 Web GUI 登录设备 2．在首页查看软件版本号
预期结果	版本正常显示，无打印错误

A.28　查询上行/下行的数据总流量和字节数

查询上行/下行数据的总流量和字节数的测试方法与步骤如表 A-28 所示。

表 A-28　查询上行/下行数据的总流量和字节数的测试方法与步骤

测试目的	查询业务端口的上行/下行数据的总流量和字节数
预置条件	设备正常运行，管理网络可达
操作步骤	1．利用 Web GUI 登录设备 2．打开"接口统计"页面，查询对应接口的流量
预期结果	正常显示接口统计，无打印错误

A.29　查询 CPU 利用率

查询 CPU 利用率的测试方法与步骤如表 A-29 所示。

表 A-29　查询 CPU 利用率的测试方法与步骤

测试目的	查询当前设备的 CPU 利用率
预置条件	设备正常运行，管理网络可达
操作步骤	1. 利用 Web GUI 登录设备 2. 在首页查看 CPU 利用率
预期结果	正常显示 CPU 利用率，无打印错误

A.30　端口状态显示"Down"告警

端口状态显示"Down"告警的测试方法与步骤如表 A-30 所示。

表 A-30　端口状态显示"Down"告警的测试方法与步骤

测试目的	正确显示设备告警信息
预置条件	设备正常运行，管理网络可达
操作步骤	1. 进入核心网络操作系统 2. 依次单击网络配置/网络接口 3. 选择一个网络接口配置为 Down 4. 依次单击系统运行/监控信息/告警/活动告警，查看设备告警信息
预期结果	正常显示端口"Down"告警

附录 B　缩略语

缩　略　语	英 文 全 称	中　文
AC	Authentication Center	鉴权中心
AD	Active Directory	活动目录
AFI	Address Family Indicator	地址族指示符
AGV	Automated Guided Vehicle	自动导引车
AI	Artificial Intelligence	人工智能
AIGC	Artificial Intelligence Generated Content	人工智能生成内容
API	Application Program Interface	应用程序接口
AR	Augmented Reality	增强现实
AS	Autonomous System	自治系统
ASBR	Autonomous System Border Router	自治系统边界路由器
ASIC	Application Specific Integrated Circuit	专用集成电路
AZ	Availability Zone	可用区
BBF	Broadband Forum	宽带论坛
BGP	Border Gateway Protocol	边界网关协议
BIER	Bit Index Explicit Replication	位索引显式复制
BPU	Branch Processing Unit	分支处理单元
BSS	Business Support System	业务支持系统
CAA	Chinese Association of Automation	中国自动化学会
CART	Classification and Regression Trees	分类回归树
Cloud CO	Cloud Central Office	运营商云化中心局
CDN	Content Delivery Network	内容分发网络
C^2NET	China Computing NET	中国算力网
CENI	China Environment for Network Innovations	未来网络试验设施
CLI	Command-Line Interface	命令行界面
CPU	Central Processing Unit	中央处理器
CPN	Computing Power Network	算力网络
CRID	Computing Resource Identifier	算力标识
COINRG	Computing in the Network Research Group	网内计算研究组
CP-BGP	Computing Power BGP	算力边界网关协议
CRA	Computing-aware Routing Attribute	算力路由属性
DC	Data Center	数据中心

缩　略　语	英　文　全　称	中　　文
DCI	Data Center Interconnect	数据中心互联
DDC	Distributed Disaggregated Chassis	分布式解耦机框技术
DetIP	Deterministic IP	确定性 IP
DetNet	Deterministic Networking	确定网
DetWi-Fi	Deterministic Wi-Fi	确定性 Wi-Fi
DHCP	Dynamic Host Configuration Protocol	动态主机配置协议
DNS	Domain Name System	域名系统
DNS-SD	DNS Service Discovery	域名系统服务发现
DOH	Destination Options Header	目的选项报头
DPU	Data Processing Unit	数据处理器
ECC	Edge Computing Consortium	边缘计算产业联盟
ECS	Elastic Compute Servic	弹性计算服务
EVM	Ethereum Virtual Machine	以太坊虚拟机
EVPN	Ethernet Virtual Private Network	以太网虚拟专用网络
FaaS	Function as a Service	功能即服务
FlexE	Flexible Ethernet	灵活以太网
FPGA	Field-Programmable Gate Array	现场可编程门阵列
FT	Fat-Tree	胖树
FTP	File Transfer Protocol	文件传输协议
GAN	Generative Adversarial Network	生成对抗网络
GOPS	Giga Operations Per Second	每秒十亿次运算数
GPT	Generative Pre-trained Trans former	生成式预训练变换
GPU	Graphics Processing Unit	图形处理器
HBH	Hop-by-Hop Options Header	逐跳选项头
HDD	Hard Disk Drive	硬盘驱动器
HMM	Hybrid Metric Method	混合式度量方法
HTTP	Hypertext Transfer Protocol	超文本传送协议
IaaS	Infrastructure as a Service	基础设施即服务
IB	InfiniBand	无限带宽技术
IBTA	InfiniBand Trade Association	无限带宽技术贸易协会
ICT	Information and Communication Technology	信息通信技术
ID	Identity Document	身份标识号
IETF	Internet Engineering Task Force	国际互联网工程任务组

缩　略　语	英　文　全　称	中　　文
IDC	Internet Data Center	互联网数据中心
IGP	Interior Gateway Protocol	内部网关协议
IP	Internet Protocol	互联网协议
IPA	Identity and Policy Administration	身份和策略管理
IPMI	Intelligent Platform Management Interface	智能平台管理接口
IPv4	Internet Protocol Version 4	第4版互联网协议
IPv6	Internet Protocol Version 6	第6版互联网协议
ISIS	Intermediate System To Intermediate System	中间系统到中间系统
ITU-T	International Telecommunication Union-Telecommunication Standardization Sector	国际电信联盟电信标准分局
ISO	International Organization for Standardization	国际标准化组织
KPU	Knowledge Processing Unit	知识处理器
KVM	Kernel-based Virtual Machine	内核内建的虚拟机
LDAP	Lightweight Directory Access Protocol	轻量级目录访问协议
LSA	Link-State Advertisement	链路状态通告
LSP	Label Switch Path	标签交换路径
mDNS	multicast DNS	组播域名系统
MEC	Mobile Edge Computing	边缘计算
MIPS	Million Instructions Per Second	每秒执行百万级指令数
MPLS	Multi-Protocol Label Switching	多协议标签交换
MP_REACH_NLRI	Multi Protocol REACH Network Layer Reachability Information	多协议可达网络层信息
MP_UNREACH_NLRI	Multi Protocol UNREACH Network Layer Reachability Information	多协议不可达网络层信息
MR	Mediated Reality	间接现实
NAS	Network Attached Storage	网络附加存储
NFV	Network Function Virtualization	网络功能虚拟化
NLP	Natural Language Processing	自然语言处理
NOS	Network Operation System	网络操作系统
NPU	Neural network Processing Unit	神经网络处理器
NSH	Network Service Header	网络服务头
OAM	Operation, Administration and Maintenance	运营、维护、管理
ODE	ONIE Discovery and Execution	开放网络安装环境
ONIE	Open Network Install Environment	开源网络安装环境

（续表）

缩 略 语	英 文 全 称	中 文
ONL	Open Network Linux	开源网络 Linux
OQMD	Open Quantum Materials Database	开放式量子材料数据库
OSPF	Open Shortest Path First	开放式最短路径优先
OSS	Operation Support System	操作支持系统
OT	Organize Training	组织培训
OTT	Over The Top	基于互联网传输的新型应用
OTN	Optical Transport Network	光传送网
QoS	Quality of Service	服务质量
P	Provider	核心层路由器
PaaS	Platform as a Service	平台即服务
PCE	Path Computation Element	路径计算元素
PCEP	Path Computation Element Communication Protocol	路径计算单元通信协议
PE	Provider Edge	边界路由器
PLC	Programmable Logic Controller	可编程逻辑控制器
PISA	Protocol Independent Switch Architecture	协议无关交换架构
PPO	Proximal Policy Optimization	近端策略优化
RAID	Redundant Array of Independent Disks	磁盘独立硬盘冗余阵列
RDMA	Remote Direct Memory Access	远程直接内存访问
RDS	Relational Database Service	关系型数据库服务
RFC	Request for Comments	征求意见稿
RLHF	Reinforcement Learning from Human Feedback	人类反馈的强化学习技术
ROADM	Reconfigurable Optical Add-Drop Multiplexer	可重构光分插复用器
RoCE	RDMA over Converged Ethernet	基于以太网的高性能通信技术
ROM	Read-Only Memory	只读存储器
RR	Route Reflector	路由反射器
RTGWG	Routing Area Working Group	路由领域工作组
SAI	Switch Abstraction Interface	交换机抽象接口
SAN	Storage Area Network	存储区域网络
SaaS	Software as a Service	软件即服务
SDK	Software Development Kit	软件开发工具包
SDN	Software Defined Network	软件定义网络
SDNFV	Software Defined Network Function Virtualization	软件定义的网络功能虚拟化
SD-WAN	Software Defined Wide Area Network	软件定义的广域网
SF	Service Function	服务功能

（续表）

缩　略　语	英　文　全　称	中　　文
SFC	Service Function Chain	服务功能链
SFF	Service Function Forwarder	服务功能转发器
SFTP	SSH File Transfer Protocol	安全文件传输协议
SID	Segment ID	段标识
SLA	Service-Level Agreement	服务等级协议
SLB	Server Load Balancing	负载均衡服务
SNMP	Simple Network Management Protocol	简单网络管理协议
SR	Segment Routing	段路由
SRH	Segment Routing Header	段路由头
SRLG	Shared Risk Link Groups	共享风险链路组
SRv6	Segment Routing over IPv6	基于 IPv6 转发平面的段路由
SSD	Solid State Drive	固态硬盘
TOPS	Tera Operations Per Second	每秒可进行亿万次操作
TPU	Tensor Processing Unit	张量处理单元
TSN	Time-Sensitive Network	时间敏感网
UPF	User Plane Function	用户面功能
URL	Uniform Resource Locator	统一资源定位符
V2X	Vehicle to X	车用无线通信技术
VLAN	Virtual Local Area Network	虚拟局域网
vBRAS	Virtual Broadband Remote Access Server	虚拟宽带远程接入服务器
vCPE	Virtual Customer Premises Equipment	虚拟客户端设备
VNC	Virtual Network Console	虚拟网络控制台
VPC	Virtual Private Cloud	虚拟私有云
VPN	Virtual Private Network	虚拟专用网络
VR	Virtual Reality	虚拟现实
VRF	Virtual Routing Forwarding	虚拟路由转发
VXLAN	Virtual Extensible Local Area Network	虚拟扩展局域网
Web UI	Website User Interface	网络产品界面
XR	Extended Reality	扩展现实
5G	5th Generation Mobile Communication Technology	第五代移动通信技术
5GDN	5G Deterministic Networking	5G 确定性网络
6G	6th Generation Mobile Communication Technology	第六代移动通信技术

参 考 文 献

[1] 中国信息通信研究院. 全球数字经济白皮书（2023 年）[R]. 2024.

[2] KAPLAN J, MCCANDLISH S, HENIGHAN T, et al. Scaling Laws for Neural Language Models[J]. Journal of Machine Learning Research, 2020, 21(1): 1-50.

[3] 华为. 泛在算力：智能社会的基石[R]. 2020.

[4] ITU. Computing Power Network-framework and architecture: Y. 2501 [S]. Geneva: ITU，2021.

[5] CCSA. 算力网络需求与架构研究报告[R]. 2021.

[6] IMT2030. 6G 架构愿景和关键技术展望白皮书 [R]. 2021.

[7] 中国电信. 中国电信云网融合 2030 技术白皮书[R]. 2020.

[8] 中国移动. 中国移动算力网络白皮书[R]. 2021.

[9] 中国联通. 中国联通算力网络白皮书[R]. 2021.

[10] 雷波，陈运清，等. 边缘计算与算力网络——5G+AI 时代的新型算力平台与网络连接[M]. 北京：电子工业出版社，2020.

[11] 李正茂，雷波，孙震强，等. 云网融合：算力时代的数字信息基础设施[M]. 北京：中信出版社，2022.

[12] 国家超级计算济南中心. 算力互联网技术白皮书[R]. 2021.

[13] 中国联通. 中国联通算力网络白皮书[R]. 2019.

[14] 段晓东，姚惠娟，付月霞. 面向算网一体化演进的算力网络技术[J]. 电信科学，2021，37（10）：10.

[15] 中国移动. 算力感知网络技术白皮书[R]. 2019.

[16] ODCC. 中国算力调度发展研究蓝皮书[R]. 2023. .

[17] 单志广，何宝宏，张云泉. 国家"东数西算"工程背景下新型算力基础设施发展研究报告[R]. 2022.

[18] 中国科学技术信息研究所，新一代人工智能产业技术创新战略联盟，鹏城实验室，等. 人工智能计算中心发展白皮书 2. 0[R]. 2020.

[19] IMT-2030（6G）. 6G 网络架构展望白皮书[R]. 2023.

[20] 刘鹏，李志强，陆璐. 面向工业互联网的算力网络思考[J]. 自动化博览，2022，39（2）：25-28.

[21] 刘鹏，陆璐，李志强. 工业互联网技术发展分析及算网融合的趋势思考[J]. 自动化博览，2023，40（2）：29-31.

[22] 中国电信股份有限公司研究院. 智慧城市 10 大细分场景方案级应用研究报告[R]. 2022.

[23] 陈哲，周旭，雷波，等. 新 IP：面向泛在全场景的未来数据网络[M]. 北京：人民邮电出版社，2022.

[24] ZHANG J, LETAIEF K B. Mobile Edge Intelligence and Computing for the Internet of Vehicles [J]. Proceedings of the IEEE, 2020, 108(2): 246-261.

[25] 中国联通. 5G-A 通感算融合技术白皮书 V3. 0[R]. 2022.

[26] 崔春风，王森，李可，等. 6G 愿景、业务及网络关键性能指标[J]. 北京邮电大学学报，2020，43（6）：10-17.

[27] 华为. 面向 VR 业务的承载网络需求白皮书[R]. 2016.

[28] 周舸帆，雷波. 算力网络中基于算力标识的算力服务需求匹配[J]. 数据与计算发展前沿，2022，4（6）：20-28.

[29] 乔楚. 算力度量与算网资源调度思路分析[J]. 通信技术，2022，55（9）：1165-1170.

[30] 柴若楠，郜帅，兰江雨，等. 算力网络中高效算力资源度量方法[J]. 计算机研究与发展，2023，60（4）：763-771.

[31] 黄光平，史伟强，谭斌. 基于 SRv6 的算力网络资源和服务编排调度[J]. 中兴通讯技术，2021，27（3）：23-28.

[32] 崔占伟. 算力网络调度的集中式方案研究与实践[J]. 广东通信技术，2022，42（12）：44-49.

[33] 曹畅，张帅，刘莹，等. 基于通信云和承载网协同的算力网络编排技术[J]. 电信科学，2020，36（7）：55-62.

[34] 中国信息通信研究院. 全球数字经济白皮书（2023 年）[R]. 2023.

[35] 中国信息通信研究院. 全球数字经济新图景（2020 年）——大变局下的可持续发展新动能[R]. 2020.

[36] 中国信息通信研究院. 中国数字经济发展白皮书（2020 年）[R]. 2020.

[37] 何伟. 我国数字经济发展综述[J]. 信息通信技术与政策，2021（2）：1-5.

[38] IDC 圈. 算力西移下数据中心发展新格局[R]. 2021.

[39] 栗蔚，王雨萌，立言，等. "东数西算"背景下算力服务对算力经济发展影响分析[J]. 数据与计算发展前沿，2022，4（6）：13-19.

[40] 郭亮. "东数西算"推动算力产业五大变革[J]. 通信世界，2022（5）：2-5.

反侵权盗版声明

　　电子工业出版社依法对本作品享有专有出版权。任何未经权利人书面许可，复制、销售或通过信息网络传播本作品的行为；歪曲、篡改、剽窃本作品的行为，均违反《中华人民共和国著作权法》，其行为人应承担相应的民事责任和行政责任，构成犯罪的，将被依法追究刑事责任。

　　为了维护市场秩序，保护权利人的合法权益，我社将依法查处和打击侵权盗版的单位和个人。欢迎社会各界人士积极举报侵权盗版行为，本社将奖励举报有功人员，并保证举报人的信息不被泄露。

举报电话：（010）88254396；（010）88258888

传　　真：（010）88254397

E-mail：　dbqq@phei.com.cn

通信地址：北京市万寿路 173 信箱

　　　　　电子工业出版社总编办公室

邮　　编：100036